城镇污水管网系统改造技术指南

Guidelines for Systematic Renovation of Urban Sewer

中国城镇供水排水协会　组织编写

U0264140

中国建筑工业出版社

图书在版编目（CIP）数据

城镇污水管网系统改造技术指南 ＝ Guidelines for Systematic Renovation of Urban Sewer / 中国城镇供水排水协会组织编写. — 北京：中国建筑工业出版社，2024.4
ISBN 978-7-112-29688-0

Ⅰ. ①城… Ⅱ. ①中… Ⅲ. ①城市污水处理—技术改造—中国—指南 Ⅳ. ①X703-62

中国国家版本馆 CIP 数据核字（2024）第 058261 号

为响应和落实党中央、国务院对污水管网建设的要求，中国城镇供水排水协会及时组织编制了《城镇污水管网系统改造技术指南》。本书由总则、总体方案、小区及排水单元污水管网改造、市政污水管网改造、智慧排水共五章组成，涵盖了污水从建筑物内部到污水管网末端全过程。

本书能为提升污水管网收集效能、实现污水全收集和全处理目标、改善城镇水环境质量提供指引，对我国污水管网的高质量发展起到积极的促进作用。

责任编辑：王美玲　于　莉
责任校对：芦欣甜

城镇污水管网系统改造技术指南
Guidelines for Systematic Renovation of Urban Sewer
中国城镇供水排水协会　组织编写
＊
中国建筑工业出版社出版、发行（北京海淀三里河路 9 号）
各地新华书店、建筑书店经销
北京红光制版公司制版
建工社（河北）印刷有限公司印刷
＊
开本：787 毫米×1092 毫米　1/16　印张：7½　字数：135 千字
2024 年 4 月第一版　2024 年 4 月第一次印刷
定价：**58.00** 元（含数字资源）
ISBN 978-7-112-29688-0
（42735）

编 制 单 位

组织编写：中国城镇供水排水协会
主编单位：上海市政工程设计研究总院（集团）有限公司
参编单位：中国建筑设计研究院有限公司
　　　　　清华大学
　　　　　广州市市政工程设计研究总院有限公司
　　　　　北京市建筑设计研究院股份有限公司
　　　　　中国市政工程西南设计研究总院有限公司
　　　　　深圳市环境水务集团有限公司
　　　　　北京北排建设有限公司
　　　　　福建省建筑设计研究院有限公司

编 制 人 员

主　　编：张　辰　章林伟
参　　编：杨　雪　赵　锂　谭学军　陈　嫣　高　伟
　　　　　郑克白　陈贻龙　赵忠富　冀滨弘　贾海峰
　　　　　谢映霞　顾敏燕　赵继成　王　盼　刘　亮
　　　　　仲明明　刘永旺　李新建　康晓鹍　钟艳萍
　　　　　周建华　东　阳　王　峰　李志刚　林　达
　　　　　宋　瑜　张方斋　孔　非　王　燕　周艳莉
　　　　　张　毅　周午阳　陆学兴　许　晨　陆　顺
　　　　　宋春水　张晶晶

审 定 专 家

曲久辉 中国工程院院士、美国国家工程院院士、中国水协科技发展战略咨询委员会主任委员、中国科学院生态环境研究中心教授

任南琪 中国工程院院士、中国水协科技发展战略咨询委员会副主任委员、哈尔滨工业大学教授

侯立安 中国工程院院士、中国水协科技发展战略咨询委员会委员、火箭军工程大学教授

彭永臻 中国工程院院士、中国水协科技发展战略咨询委员会委员、北京工业大学教授

李 艺 全国工程勘察设计大师、中国水协科技发展战略咨询委员会副主任委员、北京市市政工程设计研究总院有限公司教授级高级工程师

李树苑 全国工程勘察设计大师、中国水协科技发展战略咨询委员会委员、中国市政工程中南设计研究总院有限公司教授级高级工程师

张 韵 全国工程勘察设计大师、中国水协科技发展战略咨询委员会委员、北京市市政工程设计研究总院有限公司教授级高级工程师

郑兴灿 中国水协科技发展战略咨询委员会委员、中国市政工程华北设计研究总院有限公司教授级高级工程师

隋 军 中国水协科技发展战略咨询委员会委员、广东首汇蓝天工程科技有限公司教授级高级工程师

蒋 勇 中国水协科技发展战略咨询委员会委员、北京城市排水集团有限责任公司教授级高级工程师

《城镇污水管网系统改造技术指南》
专家评审意见

2024 年 1 月 10 日，中国城镇供水排水协会（以下简称中国水协）在北京组织召开了《城镇污水管网系统改造技术指南》（以下简称《指南》）专家评审会。中国水协科技发展战略咨询委员会组成的专家组审阅了技术资料，听取了《指南》编制组的汇报，经质询与讨论，形成如下意见：

1.《指南》全面分析和总结了我国小区及排水单元和市政污水管网存在的现状问题，提出的总体目标、技术要点、实施路线系统全面，符合行业发展方向。

2.《指南》以完善污水管网提升系统效能、减少外水入侵控制溢流污染、逐步取消化粪池减少甲烷排放为目标，提出了小区及污水排水单元管网改造、市政污水管网改造、智慧排水等内容和要求。《指南》方向明确，具有可操作性。

3.《指南》填补了城镇污水管网系统改造的空白，处于国际先进水平。

建议根据专家意见完善后，尽快出台发布。

组长：

2024 年 1 月 10 日

序

  城镇污水管网是保障城镇居民生活和社会经济发展的生命线，是保障公众身体健康、水环境质量和水生态安全的重要基础设施。近年来，我国不断加大排水管网尤其是污水管网的建设力度，城镇污水收集和处理效能显著提高，促进了水环境质量的稳步提升。随着我国"双碳"目标的提出，城镇污水收集和处理肩负起减污降碳协同增效的重要任务，城镇污水系统的提质增效不仅是深入打好污染防治攻坚战的重要抓手，更是推动温室气体减排的重要领域。

  2023 年 12 月，《国家发展改革委 住房城乡建设部 生态环境部关于推进污水处理减污降碳协同增效的实施意见》（发改环资〔2023〕1714 号）提出，要"提升污水收集效能""开展老旧破损、混错漏接等问题管网诊断修复更新，实施污水收集管网外水入渗入流、倒灌排查治理""科学开展污水管网清淤管护，减少甲烷排放"。近日，党中央、国务院发布《中共中央 国务院关于全面推进美丽中国建设的意见》也明确提出，要"持续深入打好碧水保卫战""加快补齐城镇污水收集和处理设施短板，建设城市污水管网全覆盖样板区"。国家政策的相继出台，为城镇污水管网绿色低碳高质量建设确立了目标和方向。

  为响应和落实党中央、国务院对污水管网建设的要求，中国城镇供水排水协会及时组织编制了《城镇污水管网系统改造技术指南》（以下简称《指南》），坚持系统思维，为小区及排水单元和市政污水管网科学有效地实施系统化改造和规范化运行管理提供指导，并提出"源-网-厂"全过程智慧管控要求，以数字化赋能城镇污水管网改造成果。

  作为落实和践行《城镇水务 2035 年行业发展规划纲要》的系列技术丛书之一，《指南》对污水管网如何科学落实国家政策要求、保障水环境和水生态治理成效，提升"宜居、韧性、智慧城市"建设水平提供借鉴和参考，也为中国城镇供水排水协会促进城镇水务行业健康发展、推进城镇水务行业技术进步、提升行业整体水平发挥积极作用。相信《指南》的发布，能够为提升污水管网收集效能、实现污水全收集和全处理目标、改善城镇水环境质量提供指引，对我国污水管网的高质量发展起到积极的促进作用。

Preface

Urban sewer is the lifeline engineering to protect residents life and socio-economic development. It serves as critical infrastructure for protecting public health, maintaining water quality, and ensuring ecological safety. In recent years, China has made consistent efforts to enhance sewer construction, resulting in a substantial improvement in the efficiency of urban sewage collection and treatment. This has significantly contributed to improving the quality of the water environment. In accordance with China's "dual carbon" goal, urban sewage collection and treatment is bearing major responsibility of synergistic mitigating pollution and carbon. Urban sewer renovation is not only a crucial measure in the comprehensive fight against pollution, but also a key rule in reducing greenhouse gas emissions.

In December 2023, the National Development and Reform Commission, Ministry of Housing and Urban-Rural Development of the People's Republic of China and Ministry of Ecology and Environment of the People's Republic of China jointed issued the *"Opinions on Synergizing the Reduction of Pollution and Carbon Emission of sewer treatment"*. In it, they proposed to "increase sewage collection efficiency" "carry out diagnostic assessments, reparation and replacement of damaged pipelines and illicit connection, and perform inflow/infiltration, backflow investigation and management of sewer", and "scientifically develop sewer dredging to reduce methane emission". Recently, the CPC Central Committee of China and the State Council have issued *"Opinions on Comprehensively Promote Beautiful China Construction"*. In it, they proposed to "endeavor to protect our clear waters" and "accelerate to complement deficiencies of sewage collection and treatment, construct demonstration of integrated urban sewer". The successive introduction of national policies established objectives and directions of urban sewer construction in green, low-carbon and high-quality ways.

In order to response and implement the requirements of urban sewer construction by the CPC Central Committee of China and the State Council, the China Urban Water Association has organized the compilation of the *"Guidelines for Systematic*

Renovation of Urban Sewer" (hereinafter referred to as "the Guidelines"). Adhering to systematic thought, "the Guidelines" direct the integrated renovation and standardized operation for district/drainage unit and municipal sewer. "The Guidelines" further put forward smart control requirements for the entire "source-sewer-plant" process, enhancing the achievements of urban sewer renovation.

"The Guidelines" and a series of recently released industry standards serve as a series of technical books to implement the "Outline of 2035 industrial development plan for urban water". "The Guidelines" provide valuable references for establishing national policies of urban sewer, protecting the effectiveness of environmental and ecological management, and building "livable, resilient, smart" cities. "The Guidelines" could also assist the China Urban Water Association promoting industrial development and technological progress. I believe that the release of "the Guidelines" will provide guidance for elevating sewage collection efficiency, achieving completed collection and treatment of sewage, and improving the quality of aqueous environment. I hope that "the Guidelines" could promote the high-quality development of urban sewer construction.

前　言

城镇污水管网由污水管道及其附属构筑物和泵站等设施组成，其功能是确保收集的污水有效输送至污水处理厂（站）。近年来，随着我国城镇化的迅速发展和对水环境质量要求的不断提升，污水管网覆盖面得到了显著提高，污水收集和处理效能稳步提升。然而，因污水管网规划和建设系统性不足、施工操作不规范、运行管理制度不健全，导致污水管网频频出现雨污混接、外水入渗、淤积严重和高水位运行等问题。作为城镇市政基础设施的基本组成部分，既有污水管网如何实施系统化改造，全面提升收集和排放效能，以做到污水管网全覆盖、全收集、应收尽收，已成为水务行业普遍关注的问题。

在我国城镇污水管网建设初期，集中处理设施服务范围和处理能力有限，为避免污水直排水体，小区及排水单元利用化粪池对污水进行初级处理，减少了污水对水体的影响。随着我国大部分地区污水设施的逐步建成和完善，分流制排水系统中的化粪池，不仅增加了粪便污水清捞、运输和处理的工作，还因化粪池内的厌氧反应而产生的甲烷等温室气体，加剧了污水系统的温室效应，不符合国家提出的减污降碳协同增效目标。

为引导、规范并推动城镇污水管网系统改造，中国城镇供水排水协会组织编制了本《指南》。《指南》由总则、总体方案、小区及排水单元污水管网改造、市政污水管网改造、智慧排水共五章组成，涵盖了污水从建筑物内部到污水管网末端全过程。《指南》坚持系统思维、绿色低碳、问题导向、依法合规、安全韧性、智慧管控六项基本原则，明确了城镇污水管网改造目标、系统改造方案和技术路线。《指南》注重系统性和可操作性，在充分总结国内外污水管网调查、评估、改造和运行管理经验基础上，分别提出了小区及排水单元和市政污水管网改造技术要求。

《指南》由中国城镇供水排水协会组织编写，上海市政工程设计研究总院（集团）有限公司主编，会同中国建筑设计研究院有限公司、清华大学、广州市市政工程设计研究总院有限公司、北京市建筑设计研究院股份有限公司、中国市政工程西南设计研究总院有限公司、深圳市环境水务集团有限公司、北京北排建设有限公司、福建省建筑设计研究院有限公司联合编制。《指南》编制过程中，中国城镇供水排水协会多次召开专家咨询会，广泛征求行业院士、勘察设计大师、知名专家以及行业各方意见，在此基础上形成了首部对城镇污水管网系统改造的技术指引。书中难免有瑕疵和疏漏之处，敬请社会各界批评指正，编制组将适时更新完善。

Foreword

Urban sewer consists of pipelines, ancillary structures, and pumping stations, ensuring effectively sewage transportation to sewage treatment plants. In recent years, due to the fast urbanization in China and the increasing demands for better water quality, the sewer coverage has greatly improved, leading to a steady increase in the effectiveness of sewage collection and treatment. However, irregular construction, inadequate operation, and a lack of systematical planning and construction of urban sewer have resulted in following issues: illicit connection between sewage and stormwater pipelines, infiltration and inflow, serious sediment accumulation, and high water levels in pipelines. One of the most often discussed issues in municipal infrastructure construction is how to maximize the efficiency of sewage collection and manage the restoration of the current sewer to achieve total coverage and collection.

In the early stage of China's sewerage, the centralized sewage treatment facilities have limited service coverage and treatment capacity. To prevent sewage from directly entering water bodies, the districts and drainage units utilize septic tanks as primary sewage treatment facility. This effectively reduced the negative impacts of sewage pollution on the water bodies. The majority of China's sewers are gradually being completed and improved. Consequently, the septic tanks in separate system not only burden the work of sewage scavenging, transporting, and treatment, but also aggravate the methane emissions from the anaerobic reaction. This is contrary to the objective of the national policy of synergistic mitigating pollution and carbon.

In order to guide, standardize and promote the urban sewer renovation, the China Urban Water Association has organized the compilation of "the Guidelines". "The Guidelines" include five chapters, namely general principles, overall program, sewer renovation of district/drainage unit, municipal sewer renovation, and smart sewer. "The Guidelines" cover the completed sewage transportation process from source buildings to the sewer ends. "The Guidelines" adhere to six principles, including: systematical thought, green and low carbon, problem-oriented approach, legal compliance, safe and resilient, and smart control. "The Guidelines" specify the implementation objectives, systematic renovation program, and technological route. "The Guidelines" concluded the previous practical experiences of survey, assessment, renovation, and operation of urban sewer. Adhering to systemic and operational specificities, "the Guidelines" respectively put forward technical requirements for the renovation of district/drainage unit and municipal sewer.

"The Guidelines" are organized by the China Urban Water Association, and edited by Shanghai Municipal Engineering Design Institute (Group) Co. , Ltd. , China Architecture Design and Research Group, Tsinghua University, Guangzhou Municipal Engineering Design and Research Institute Co. , Ltd. , Beijing Institute of Architectural Design Co. , Ltd. , Southwest Municipal Engineering Design and Research Institute of China, Shenzhen Water and Environment Group Co. , Ltd. , Beijing Beipai Construction Co. , Ltd. , and Fujian Provincial Institute of Architectural Design and Research Co. , Ltd. . In the course of compiling "the Guidelines", the China Urban Water Association convened multiple expert consultations to solicit feedback from academician, masters, renowned experts as well as various stakeholders in the industry; based on this foundation it produced the first technical guidelines for urban sewer renovation. "The Guidelines" may have some areas for improvement and further refinement; we respectfully invite critiques and corrections from all sectors of society. The editorial team will continually work to improve and update the content.

目　录

Contents

第1章 总　则

1.1 编制背景

城镇排水工程中的污水系统是保障社会、经济运行的重要基础设施和生命线工程，随着我国城镇化的快速推进，排水工程发展迅速。截至 2020 年年底，城镇排水管道的长度较 1991 年增加了 12 倍，污水处理厂的规模增长近 60 倍。但污水系统仍存在污水管网建设滞后、污水管道渗漏严重、雨污混接整治不力、厂网建设和运行不匹配等问题，很多已建的污水系统设施未能有效发挥功效，导致污水直排、城镇水体雨天返黑返臭现象时常发生，水环境问题仍是亟待解决的民生问题。

污水系统具有很强的系统性，是一个上下游紧密衔接的整体，特别是在碳达峰碳中和背景下，污水系统在减污基础上还面临降碳的任务。分流制排水系统实施取消化粪池等改造，对于我国污水系统实现碳达峰、碳中和目标具有重要意义，但直接取消化粪池可能会引起管道衔接不畅、淤积堵塞、混接污染加剧等问题，因此，需要从系统上统筹考虑污水系统功能和性能的提升问题。

为引导、规范、推动城镇污水管网系统改造，本《指南》坚持系统思维，明确总体方案、改造技术和智慧排水等要求，从源头建筑物到污水管网末端进行全过程统筹治理，以恢复小区及排水单元、市政污水管网的功能和性能。

1.2 适用范围

本《指南》适用于城镇污水管网系统改造工作，包括小区及排水单元污水管网和市政污水管网，其中排水单元指具有明确的用地红线或相对独立的排水管网系统服务的区域，按现状用地性质可分为居住区、机关事业单位（含学校）、工业商业企业、城中村和部队等类型。

本指南主要技术内容包括：总则、总体方案、小区及排水单元污水管网改造、市政污水管网改造和智慧排水。

1.3 基 本 原 则

城镇污水管网系统改造应遵循下列基本原则：

1. 坚持系统思维

污水管网改造要坚持从源头到末端全过程治理思路，统筹实施化粪池改造、管网空白区补充、雨污混接改造、管道渗漏修复、雨污分流制改造等治理措施，使小区及排水单元和市政污水管网能够有效地发挥功能。

2. 坚持绿色低碳

污水管网中化粪池产生的甲烷（CH_4）等是污水系统碳排放的主要来源之一。应结合分流制污水管网的系统改造，经科学论证后，尽可能取消化粪池，提高污水处理厂进水有机污染物浓度水平，减少城镇污水系统碳排放总量。

3. 坚持问题导向

在实施污水管网改造前，针对建设质量不高、污水处理厂进水有机污染物浓度偏低等问题，应科学地开展现状调查和问题评估，在摸清本底、找准问题的基础上，合理确定治理范围和改造时序，有针对性地提出改造措施，以发挥工程项目最大效益。

4. 坚持依法合规

污水管网改造要符合国家法律法规和现行标准规范的要求。小区及排水单元的雨污水排放应与市政排水体制相匹配，根据《城镇污水排入排水管网许可管理办法》需办理排水许可证的排水单元，应按照行政许可要求向市政污水管网排放污水。市政分流制污水管网应避免雨污混接，并减少渗漏；市政合流制污水管网应按规划排水体制要求完善截流设施或开展分流改造。

5. 坚持安全韧性

污水管道、检查井、污水泵站等设施发生损坏或被侵占，会造成污水渗漏、冒溢和直排，引发水环境污染或道路塌陷等次生灾害。污水管道高水位运行和淤积造成的甲烷（CH_4）、硫化氢（H_2S）等有毒有害气体，不仅具有爆炸风险，还会危害公众安全和健康。应通过实施污水管网改造和规范化运行，恢复、提升污水系统韧性水平，保障排水安全。

6. 坚持智慧管控

数字城市是推进新型城镇化建设的重要举措，污水管网作为市政基础设施的重要组成，其智慧管控是数字城市建设不可缺少的组成部分。在污水管网系统改造过程中，通过高效的数据汇聚和人工智能、云计算、数字孪生等先进技术，可以有效提升水务行业所必需的统揽全局能力、顶层设计能力、监测感知能力、预警预报能力、智慧决策能力和应急处置能力，为污水收集和处理全过程提供智慧支撑[1]。

第 2 章 总 体 方 案

国家相继发布了全文强制性规范《城乡排水工程项目规范》GB 55027—2022 和《室外排水设计标准》GB 50014—2021 等多部国家和行业标准。标准提出：污水管网作为污水系统的重要组成，负责污水的有效收集和输送[2]。为了实现这一功能，标准对化粪池设置、污水管道坡度和流速、管道运行充满度和设计充满度的关系等内容提出了全面要求[3]。城镇污水管网系统改造应在现行国家和行业等标准的指导下科学实施。

2.1 实 施 目 标

小区及排水单元和市政污水管网系统改造包括下列三个目标：

1. 完善污水管网，提升系统效能

污水成分复杂，污水管道及其附属构筑物的建设如不能达到严密性要求，造成污水渗漏或地下水入渗，不仅会污染管道周边土壤和地下水环境，增加管道淤积风险、造成污水管道高水位运行和污水处理厂进水有机污染物浓度偏低等问题，严重的还会造成道路塌陷。在小区及排水单元和市政污水管网改造过程中，对于发生渗漏的污水管道和检查井，应及时开展修复改造，改造后还需经过严密性试验合格后方可投入运行，以保障污水安全、有效地收集和输送。

2. 减少外水进入，控制溢流污染

采用分流制排水体制的地区，小区及排水单元和市政均应建立污水管网和雨水管网两张网，分别收集、输送、处理和排放污水、雨水。在实际的建设和运行过程中，污水混接入雨水管道，会使得旱天污水直排受纳水体；同样地，雨天大量雨水混接入污水管道，超过下游污水系统负荷，造成污水冒溢或厂前溢流，也会带来水环境污染问题。当发现旱天雨水排放口存在污水出流、雨天污水泵站或污水处理厂有机污染物浓度明显降低、雨水排水水质较差情况时，针对污水泵站或污水处理厂服务范围内的污水系统和雨水系统，应开展雨污混接调查、分析和评估，并根据评估结果及时实施雨污混接改造。

采用合流制排水体制的地区，应根据规划排水体制要求，通过实施截流设施完善、管道修复或合流制分流改造等措施，减少合流制溢流污染对受纳水体的影响。

3. 逐步取消化粪池，减少甲烷排放

甲烷（CH4）是仅次于二氧化碳（CO2）的第二大温室气体，根据联合国政府间气候变化专门委员会（IPCC）的报告，甲烷 20 年水平的全球增温效应是二氧化碳的 84 倍，100 年水平的全球增温效应则是二氧化碳的 28 倍。甲烷等非二氧化碳温室气体控制排放，近两年成为气候议题中的核心议题之一，也迅速取得了多项进展。

化粪池中污水降解会产生 CH4 和 CO2 等温室气体，形成的直接碳排放量已与污水处理厂直接碳排放量相当（详见附录 A）。同时，化粪池会截留污水中的有机污染物，造成污水处理厂进水有机污染物浓度降低、碳氮比低等问题，为了保证污水处理厂脱氮除磷效率还要额外投加碳源，增加了污水处理厂的间接碳排放量和运行成本。因此，在国家标准指导下，分流制排水系统逐步取消化粪池，应在建立较为完善的污水收集处理设施和健全的运行维护制度的前提下实施[2]。

2.2 技 术 路 线

城镇污水管网改造，应充分摸清本底，对现状问题进行科学分析和评估，统筹考虑不同情况，系统、有序地推进污水管网修复、雨污混接改造、合流管道改造、化粪池拆除等工程，恢复、提升污水管网的功能和性能，包括下列 3 项内容（图 2.2-1）。

第一，信息调查。针对小区及排水单元和市政污水管网的建设运行情况，开展信息调查，并将调查信息纳入地方智慧排水平台，完善平台的数据资源库，实现污水系统全面、长效和精细化管理。

第二，分析评估。以污水排水分区为单元，坚持问题导向，聚焦雨天水量增量明显、污水处理厂进水有机污染物浓度低、雨水排水水质较差、污水冒溢等问题频发的区域，综合采用人工目视检查法、仪器探查法、水质特征因子法、水量平衡分析法等手段，科学有序开展现状问题分析评估。

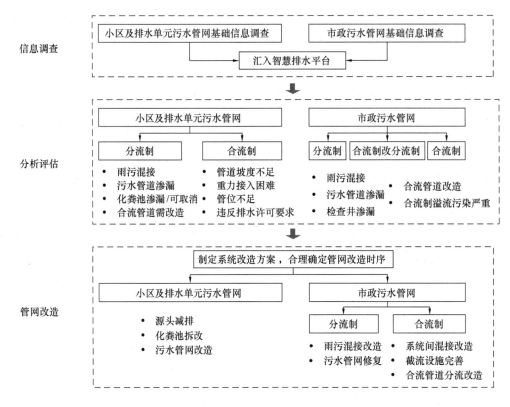

图 2.2-1　小区及排水单元和市政污水管网系统改造技术路线

　　第三，管网改造。根据规划排水体制要求、现状问题和实施条件，制定系统改造方案，分类实施系统化改造，合理选择管网改造技术，科学确定实施时序。相关改造技术应符合现行国家标准《城乡排水工程项目规范》GB 55027—2022、《室外排水设计标准》GB 50014—2021、《建筑给水排水与节水通用规范》GB 55020—2021 和《建筑给水排水设计标准》GB 50015—2019 的有关规定[2-5]。

　　污水管道运行管理质量是决定其功能和性能正常发挥的重要因素。在污水管网完成改造后，污水管网应实施规范化的运行和管理，加强日常巡查，及时掌握污水管网运行状态、发现污水管网运行问题，并采取维修养护措施。同时，还应定期进行检测和评估，根据评估结果进行改造，使污水管道旱天运行水位和管道内污水流速能够满足设计要求。

　　在规范运行管理的基础上，污水系统还应坚持"源-网-厂"一体化、全过程、全生命周期运营管理理念，对"源-网-厂"全过程的污水收集和处理设施进行信息采集、管理、分析、模拟，实现对污水管网和污水处理设施的日常监管、运行风险预警处置、运行辅助决策，提升对污水系统的运行管理能力。

2.3　系　统　改　造

新建地区的城镇生活污水管网，在已建有污水收集和集中处理设施时，不应设置化粪池。建成区的城镇生活污水管网改造，按实施对象分为小区及排水单元污水管网改造和市政污水管网改造。

小区及排水单元污水管网改造，首先要落实海绵城市建设专项规划要求，结合现状条件实施雨水立管断接等源头减排措施；根据市政污水管网的现状和规划建设运行情况，提出改造措施、改造方案和实施时序。排水单元还需根据《城镇污水排入排水管网许可管理办法》的有关要求办理排水许可证，并应当按照行政许可要求排放污水。按照小区及排水单元现状排水体制不同，分为下列 2 种情况（图 2.3-1）：

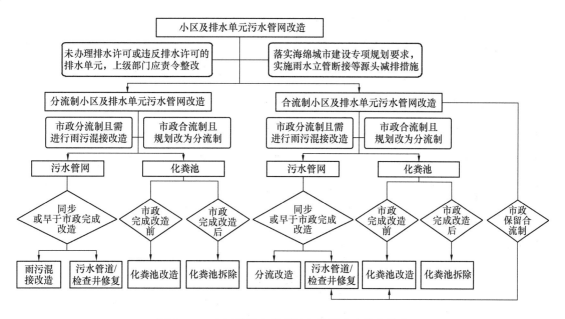

图 2.3-1　小区及排水单元污水管网改造技术路线

（1）分流制小区及排水单元污水管网改造。

当所在市政排水系统为分流制时，小区及排水单元若存在雨污混接问题，应同步或早于市政完成雨污混接改造，并在市政完成雨污混接改造后，拆除化粪池。当所在市政排水系统现状为合流制且规划改为分流制时，小区及排水单元如需开展雨污混接改造，应同步或早于市政完成，并在市政完成分流改造后，拆除化粪池。当所在市政排水系统为合流制时，应定期对污水管道和化粪池进行检测评估，根据评估结果进行污水管道修复和化粪池改造，保持污水管道和化粪池结构、功能完整。

（2）合流制小区及排水单元污水管网改造。

当所在市政排水系统为分流制时，小区及排水单元应立即实施分流改造，并在市政完成雨污混接改造后拆除化粪池。当所在市政排水系统现状为合流制且规划改为分流制时，应同步或早于市政完成分流改造，并在市政完成分流改造后，拆除化粪池。当所在市政排水系统为合流制时，应定期对污水管道和化粪池进行检测评估，根据评估结果进行修复改造。

市政污水管网改造，按照现状和规划排水体制不同，分为下列3种情况（图2.3-2）：

（1）分流制污水管网改造。

分流制污水管网应定期进行检测评估，及时发现雨污混接、污水管道和检查井渗漏问题，并根据评估结果进行雨污混接改造或污水管网修复。

（2）合流制改为分流制污水管网改造。

规划改为分流制的合流制污水管网改造，应制定系统化改造方案，从源头开始，分期实施。当合流管道结构基本完整且管径能够满足雨水设计流量要求时，应予保留，优先改为雨水管道并新建污水管道；如地方不具备新建污水管道条件且合流管道严密性满足污水输送要求、坡度能达到自清流速要求时，可改为污水管道并新建雨水管道；当合流管道结构、管径和坡度不能满足雨污水输送要求时，应拆除原有合流管道，新建污水管道和雨水管道。同时，在合流制改分流制期间，需设置必要的过渡期截流设施，并考虑过渡期和建成期的系统排水方案，充分发挥各期工程效益。

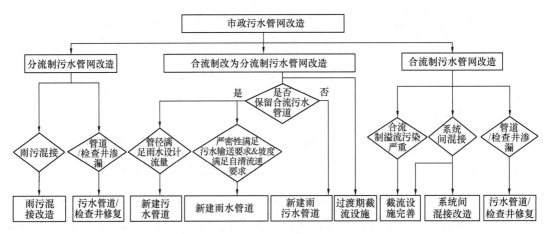

图 2.3-2　市政污水管网改造技术路线

（3）合流制污水管网改造。

当合流制污水管网溢流污染严重而影响受纳水体水质时，应合理确定截流目标，核算下游污水系统收集和处理能力，建设或完善截流设施。当合流制排水系统与分流制排水系统存在混接时，应划清排水系统边界，核算下游污水系统输送能力、管网标高等是否满足接入要求，明确雨、污水最终处理，采取设置截流设施或改接至正确污水系统等措施。同时，合流制污水管网应定期检测评估，及时发现合流管道和检查井渗漏问题并进行污水管网修复。

综上，小区及排水单元和市政污水管网改造，根据市政（规划）排水体制、市政现状、小区及排水单元现状，共分为 11 种不同情况（表 2.3-1）。其中，市政污水管网的现状问题（改造需求）包括：污水（合流）管道和检查井渗漏、雨污混接、合流管道改造、合流制溢流污染严重；小区及排水单元污水管网的现状问题（改造需求）包括：化粪池、污水管道或检查井渗漏、雨污混接、合流管道改造、管道坡度不足、重力接入困难。相应地，表 2.3-1 进一步列举了小区及排水单元污水管网改造技术，包括：源头减排、化粪池拆除（改造）、污水管网改造；市政污水管网改造技术，包括：污水管网修复、雨污混接改造、合流管道分流改造、截流设施完善、系统间雨污混接改造。小区及排水单元应根据市政污水管网的现状建设和运行情况，因地制宜地选取改造技术。

小区及排水单元和市政污水管网现状问题和改造技术汇总　　　　　表 2.3-1

序号	市政（规划）排水体制	市政现状	小区及排水单元现状	现状问题（改造需求）	改造技术
1	分流制	市政不存在混接	分流且不存在混接	市政：污水管道渗漏、检查井渗漏；小区及排水单元：化粪池可取消、污水管道渗漏、检查井渗漏、管道坡度不足、重力接入困难	市政：污水管网修复；小区及排水单元：化粪池拆除、污水管道改造
2			分流且存在混接	市政：污水管道渗漏、检查井渗漏；小区及排水单元：化粪池可取消、雨污混接、污水管道渗漏、检查井渗漏、管道坡度不足、重力接入困难	市政：污水管网修复；小区及排水单元：源头减排、化粪池拆除、污水管网改造
3			合流	市政：污水管道渗漏、检查井渗漏；小区及排水单元：化粪池可取消、合流管道改造、污水管道渗漏、检查井渗漏、重力接入困难、管位不足	市政：污水管网修复；小区及排水单元：源头减排、化粪池拆除、污水管网改造

9

序号	市政（规划）排水体制	市政现状	小区及排水单元现状	现状问题（改造需求）	改造技术
4	分流制	市政混接	分流且不存在混接	市政：雨污混接、污水管道渗漏、检查井渗漏； 小区及排水单元：化粪池渗漏、管道渗漏、检查井渗漏、重力接入困难	市政：雨污混接改造、污水管网修复； 小区及排水单元：化粪池改造（市政完成改造前）、化粪池拆除（市政污水改造后）、污水管网改造
5	分流制	市政混接	分流且存在混接	市政：雨污混接、污水管道渗漏、检查井渗漏； 小区及排水单元：化粪池渗漏、雨污混接、污水管道渗漏、检查井渗漏、管道坡度不足、重力接入困难	市政：雨污混接改造、污水管网修复； 小区及排水单元：源头减排、化粪池改造（市政完成改造前）、化粪池拆除（市政污水改造后）、污水管网改造
6	分流制	市政混接	合流	市政：雨污混接、污水管道渗漏、检查井渗漏； 小区及排水单元：化粪池渗漏、合流管道改造、污水管道渗漏、检查井渗漏、重力接入困难、管位不足	市政：雨污混接改造、污水管网修复； 小区及排水单元：源头减排、化粪池改造（市政完成改造前）、化粪池拆除（市政污水改造后）、污水管网改造
7	合流制改为分流制	市政合流	分流且不存在混接	市政：合流管道改造； 小区及排水单元：化粪池渗漏、污水管道渗漏、检查井渗漏、管道坡度不足、重力接入困难	市政：合流管道分流改造； 小区及排水单元：化粪池改造（市政完成改造前）、化粪池拆除（市政污水改造后）、污水管网改造
8	合流制改为分流制	市政合流	分流且存在混接	市政：合流管道改造； 小区及排水单元：化粪池渗漏、雨污混接、污水管道渗漏、检查井渗漏、管道坡度不足、重力接入困难	市政：合流管道分流改造； 小区及排水单元：源头减排、化粪池改造（市政完成改造前）、化粪池拆除（市政污水改造后）、污水管网改造
9	合流制改为分流制	市政合流	合流	市政：合流管道改造； 小区及排水单元：化粪池渗漏、合流管道改造、污水管道渗漏、检查井渗漏、重力接入困难、管位不足	市政：合流管道分流改造； 小区及排水单元：源头减排、化粪池改造（市政完成改造前）、化粪池拆除（市政污水改造后）、污水管网改造
10	合流制	市政合流	—	市政：合流制溢流污染严重、合流管道渗漏、检查井渗漏； 小区及排水单元：化粪池渗漏、污水管道渗漏、检查井渗漏	市政：截流设施完善、污水管网修复； 小区及排水单元：源头减排、化粪池改造、污水管网改造
11	合流制	合流制与分流制排水系统混接	—	市政：合流制排水系统与分流制排水系统混接、合流管道渗漏、检查井渗漏； 小区及排水单元：化粪池渗漏、污水管道渗漏、检查井渗漏	市政：雨污混接改造（系统间混接改造）、污水管网修复； 小区及排水单元：源头减排、化粪池改造、污水管网改造

第3章　小区及排水单元污水管网改造

小区及排水单元污水管网建设运行调查、现状问题分析和评估、系统改造和运行管理，需与市政污水管网紧密连接、互相配合、统筹实施，在保障小区及排水单元排水安全的基础上，恢复和提升整个污水系统的功能和性能。

3.1　调　查　与　评　估

3.1.1　信息调查

调查对象为小区及排水单元，其中排水单元包括居住区、机关事业单位（含学校）、工业商业企业、城中村、部队等类型。

小区及排水单元基础信息调查主要包括基本信息、污水管道、雨水管渠、化粪池、污水提升泵站和其他附属设施。对无竣工资料或竣工资料不符合要求的小区及排水单元，宜结合小区及排水单元的海绵城市建设、城市更新、道路改扩建等工作，及时汇总排水设施测绘资料。信息调查时，应记录数据来源、数据获取日期、填报单位、填报日期。

信息调查完成后，需及时开展成果校验，以保障数据结果准确性和完整性。校验完成后录入本地智慧排水平台。信息调查可参考现行国家标准《城市排水防涝设施数据采集与维护技术规范》GB/T 51187—2016 的有关规定[6]。

1. 基本信息

基本信息包括小区及排水单元类型、用地性质、名称、建设时间、四至范围和位置坐标、服务人口数、自来水用水量，是否按要求办理排水许可证和相关信息、排水体制、所在市政污水排水分区编码、污水水量和水质、建筑物数量、建筑雨水立管情况，在建和近期规划建设项目情况等。

基本信息可通过物业、居委会、房管或街道管理部门、工商或行业主管部门获取，自来水用量可通过自来水公司获取，污水水量和水质、排放去向等可通过水务企业或现场调查获取。

2. 污水管道

污水管道基础信息调查对象包括污水管道和检查井。

污水管道基础信息包括：管道标识码、类别（污水管道或合流管道）、建设时间、起点和终点坐标、长度、起点和终点管底标高、坡度、管径、材质、粗糙系数、排放去向、设施状态、运行维护情况。其中，粗糙系数若无数据，可根据管道材质确定。

检查井基础信息包括：检查井标识码、位置坐标、地面高程、类别（污水检查井或合流检查井）、材质、井深、接入管数和接入管标识码、设施状态、运行维护情况。

3. 雨水管渠

雨水管渠基础信息调查对象包括：雨水管渠、雨水口、检查井。

雨水管渠基础信息包括：管渠标识码、类别（雨水渠道或雨水管道）、建设时间、起点和终点坐标、长度、起点和终点管底标高、坡度、断面形式、管径（或断面尺寸）、材质、粗糙系数、排放去向、设施状态、运行维护情况。其中，粗糙系数若无数据，可根据管道材质确定。

雨水口基础信息包括：雨水口标识码、形式、材质、尺寸、附属装置、设施状态、运行维护情况。其中，附属装置包括：垃圾拦截装置、防臭装置、初期雨水截流装置等。

检查井基础信息包括：检查井标识码、类别（雨水检查井）、位置坐标、地面高程、材质、井深、接入管数和接入管标识码、设施状态、运行维护情况。

4. 化粪池

小区及排水单元化粪池基础信息包括：化粪池建设时间，位置坐标，服务人口，容积，结构，材质，占地面积，进出水管道标高、管径、坡度，设施状态，运行维护情况。

5. 污水提升泵站

小区及排水单元污水提升泵站基础信息包括：泵站标识码，名称，位置坐标，水泵台数，设计流量，运行流量，单泵流量和扬程，集水池或泵井尺寸、设计水位、运行水位，COD_{Cr}、氨氮、总磷等水质监测数据，占地面积，装机容量，设施状态，运行维护情况。

6. 其他附属设施

格栅井基础信息包括：格栅井标识码，位置坐标，地面高程，格栅型式，格栅栅隙，格栅台数，格栅井尺寸（长、宽、高），进出水管道标高、管径，设施状态，运行维护情况。与检测井合建时，还需调查记录监测设施的设置情况和监测数据。

隔油池基础信息包括：标识码、内部结构、位置坐标、地面高程、尺寸、进出水管道标高、设施状态、运行维护情况等。

源头减排设施基础信息包括：设施类型、位置坐标、主要设计参数、设施状态、运行维护情况、溢流口与雨水管渠连接的检查井位置等。其中，主要设计参数包括：结构组成、尺寸、坡度、调蓄深度。

对需办理排水许可证的排水单元，还需调查其污水处理设施的基础信息，包括：设施类型、位置坐标、埋深、设计参数、污水排放去向、设施状态、运行维护情况。其中，设计参数包括：设计流量、设计进出水水质、停留时间。

3.1.2　问题分析

小区及排水单元污水管网的共性问题或改造需求主要包括：雨污混接、污水管道渗漏、管道坡度不足、合流管道改造、化粪池渗漏、重力接入市政管道困难、管位不足、阳台污水接入建筑雨水立管等。根据《城镇污水排入排水管网许可管理办法》要求需要办理排水许可证的排水单元，还应排查排水类别、总量、时限、排放口位置和数量、排放的主要污染物项目和浓度等是否满足行政许可要求。

雨污混接和污水管道渗漏需采用人工目视检查法或仪器探查法进行分析，根据分析结果进行混接程度或缺陷程度评估；其余问题可通过分析基础信息调查资料直接获得。

1. 问题判定

分流制小区及排水单元污水接入市政前的最后一个雨水检查井，如旱天存在下列现象之一，可认为该小区及排水单元存在雨污混接或外水入侵：

（1）旱天（连续未降雨 72h），井内有水流动，且存在明显异味（在工作日和非工作日分别进行，次数不少于 3 次），或是单次检查井内 COD_{Cr} 或氨氮浓度超过建议阈值，可认为该井或上游存在雨污混接；其中，污染物浓度建议阈值可根据各地的降雨特征、雨污水水质和水量等因素确定；

（2）旱天（连续未降雨 72h），井内有水流动，不存在明显异味（在工作日和非工作日分别进行，次数不少于 3 次），或是日均检查井内 COD_{Cr} 或氨氮浓度超过建议阈值，可认为上游存在外水入侵。

分流制小区及排水单元污水接入市政前的最后一个污水检查井，如出现下列现象之一，可认为该小区及排水单元存在雨污混接：

（1）雨天水位比旱天水位明显升高，或产生冒溢现象；

（2）雨天日均流量比旱天日均流量明显升高；

（3）雨天 COD_{Cr} 或氨氮日均浓度比旱天显著降低。

分流制小区及排水单元接入市政前的最后一个污水检查井存在下列现象之一，可认为该排放口服务范围存在外水入侵：

（1）旱天（连续未降雨 72h），COD_{Cr} 或氨氮日均浓度显著低于所在污水排水分区末端污水处理厂旱天污染物平均浓度；

（2）在工作日至少开展 72h 以上的连续流量观测，利用水量平衡分析法核算地下水入渗量。

检查井内水质和流量监测应符合现行国家标准《城市排水防涝设施数据采集与维护技术规范》GB/T 51187—2016 的有关规定，同时水质监测还应满足下列要求：

（1）24h 内检测频次不少于 3 次；

（2）时间间隔不少于 4h；

（3）检测时间需包括用水高峰期和用水低峰期。

2. 分析方法

小区及排水单元污水管网的雨污混接应优先采用人工目视检查法，无法准确判断混接点位时再采用仪器探查法。污水管道渗漏采用仪器探查法进行分析。

（1）人工目视检查法

人工目视检查法能够直观判定管道连接关系和管道充满度情况，适用于雨污混接点位的定位分析。通过人工现场实地勘察，初步判断检查井内的管道连接关系等情况，形成雨污混接点位调查资料。调查时，要记录管道类别、连接关系、材质、管径等，并在错接点位实地标注可识别记号。当调查的污水管道内水位较低时，若开井后目视检查，发现污水检查井中有雨水管或合流管接入，可直接判断该井为雨污混接点。当无法判断接入管性质时，需进一步结合水质、水量监测结果进行判断。当调查的污水管道内水位较高时，需采取临时封堵等措施降低水位后再进行目视检查。设有提升泵站的小区及排水单元，可短时增加泵站流量降低管道水位。

（2）仪器探查法

小区及排水单元污水管道雨污混接和管道渗漏，可采用闭路电视检测技术（CCTV 检测）和电子潜望镜检测技术（QV 检测）。

CCTV 检测是将内窥闭路电视检测系统安装在特定的搭载平台上，通过平台在管道内运动，对管道内部进行摄影检测。适用于雨污混接点位的准确判定，还可通过相应算法对破裂、腐蚀、渗漏、错位、脱节等管道缺陷进行评估。CCTV 检测因结果清晰、资料便于保存和复制，能够为管道运行状况评估提供更为可靠的依据，已成为国内应用最为普遍的管道检测技术。该技术要求管道内水位不能大于管道直径的 20%，往往需要管道降水后才能进行检测。

QV 检测是利用电子摄像高倍变焦的技术，加上高质量的聚光、散光灯配合进行管道内窥检测。该技术优势在于探测结果清晰，与 CCTV 检测一样能提供可靠的检测影像资料，且设备便于携带、操作简便。因 QV 光照距离在 30～40m 之间，单侧有效观察距离约为 20～30m，使得该方法无法测量长度超过 50m 的长管段。此外，QV 只能检测管内水面以上的情况，管内水位高，可视空间小，会影响测量结果准确性，因此一般要求管内水位不超过管径的 1/2。

3.1.3　问题评估

在实施小区及排水单元污水管道系统改造前，需对小区及排水单元雨污混接程度和污水管道缺陷程度进行评估，以指导小区及排水单元确定改造范围和改造计划。

根据《指南》第 3.1.2 节内容判定为雨污混接的小区及排水单元，通常会采用人工目视检查法或仪器探查法明确内部混接点位。根据混接调查结果，小区及排水单元的雨污混接程度，推荐采用混接密度 M 进行评估，可分为重度混接（3 级）、中度混接（2 级）、轻度混接（1 级），详见表 3.1-1[7]。

表 3.1-1

混接程度分级

混接程度	分级	混接密度 M（个/km）
重度混接	3 级	＞10
中度混接	2 级	5～10
轻度混接	1 级	＜5

注：表中数据来自中国工程建设标准化协会标准《城镇排水管道混接调查及治理技术规程》T/CECS 758—2020[7]。

混接密度 M 按下式计算：

$$M = \frac{N}{L} \tag{3.1-1}$$

式中　M——混接密度，个（混接点和混接源）/km；

N——被调查雨水管道中污水混接点和混接源数或被调查污水管道中雨水混接点和混接源数；

L——被调查雨水管道或污水管道长度，km。

小区及排水单元的污水管道缺陷程度可按照现行行业标准《城镇排水管道检测与评估技术规程》CJJ 181—2012 的有关规定进行分级评估[8]。

3.2　改　造　技　术

小区及排水单元污水管网改造要优先落实海绵城市建设专项规划要求，结合现状条件实施雨水立管断接等源头减排措施。根据市政现状或规划建设运行情况，综合考虑小区及排水单元现状问题、建设条件和经济性等因素，选择适宜的改造技术。

3.2.1　源头减排

1. 建筑立管改造

国家标准《建筑给水排水设计规范》GB 50015—2003 在 2009 年版的修订中补充提出了住宅套内排水管道不应接入雨水管道的要求。在该标准正式实施前（即 2010 年）的老旧小区，可能会存在阳台生活污水排入建筑雨水立管的情况。此类小区应进行建筑立管改造，根据建筑立面和周边地形条件，共分为下列 3 种方式。

（1）新建雨水立管

将原混接立管顶部断接后改为污水立管，改造后的污水立管顶端应设置伸顶通气管，并应符合现行国家标准《建筑给水排水设计标准》GB 50015—2019 的有关规定。当建筑的污水横管未设置存水弯时，污水排出管应先接入水封井（图 3.2-1），随后排入室外污水管道。新建雨水立管应优先采用雨水立管断接（图 3.2-2～图 3.2-7）[9]，将屋面雨水排入建筑周边的源头减排设施中，以减少排入下游雨水系统的雨水径流量。

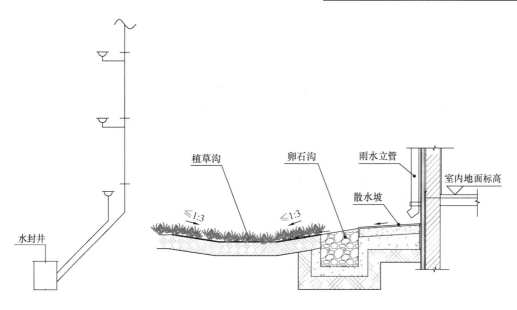

图 3.2-1　水封井设置　　　　　图 3.2-2　屋面雨水立管断接（散水式）
　　　　　示意图

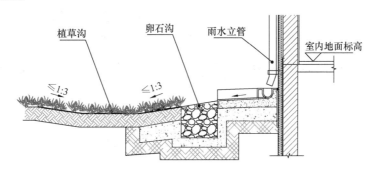

图 3.2-3　屋面雨水立管断接（明沟＋散水口式）

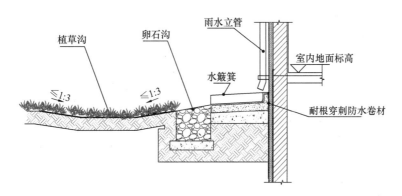

图 3.2-4　屋面雨水立管断接（盲沟＋水簸箕式）

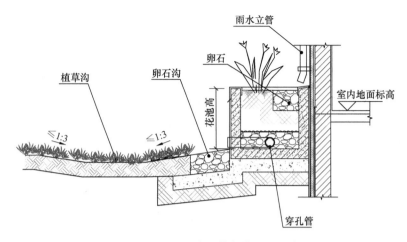

图 3.2-5　屋面雨水立管断接（花池式）

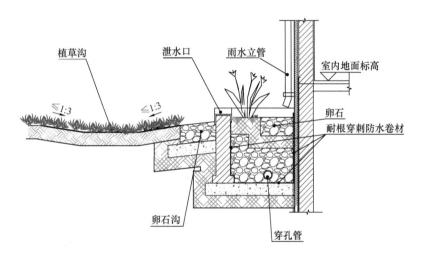

图 3.2-6　屋面雨水立管断接（花坛式）

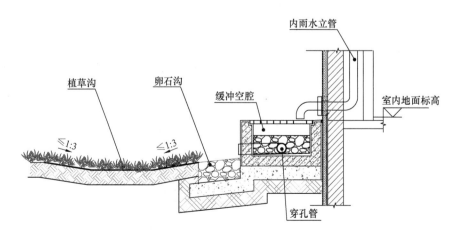

图 3.2-7　屋面雨水立管断接（空腔断接）

（2）新建污水立管

将阳台的混接污水分别经带存水弯的横支管接入新建污水立管（图 3.2-8）。污水立管顶端设置伸顶通气管，并应符合现行国家标准《建筑给水排水设计标准》GB 50015—2019 的有关规定。原混接立管上的污水接入管管口应封堵。

（3）设置污水截流装置

对于高层、超高层或建筑立面无法新增立管的小区，可在现状混接立管末端增加污水截流装置。

2. 源头减排设施

小区及排水单元雨水排放应首先落实海绵城市建设专项规划要求，合理布局渗透、滞蓄、转输和雨水利用等源头减排设施。当降雨小于年径流总量控制率所对应设计降雨量时，不应向市政雨水系统排放未经控制的雨水。当地区整体改建时，对于相同的雨水管渠设计重现期和内涝防治设计重现期，改建后的雨水径流量峰值不得超过原有的雨水径流峰值，避免给市政雨水系统增加额外的负荷。

图 3.2-8　存水弯设置示意图

小区及排水单元建筑或道路周边的绿地，可改造为生物滞留设施、植草沟等源头减排设施（图 3.2-9）。源头减排设施规模应根据年径流总量控制率、年径流污染控制

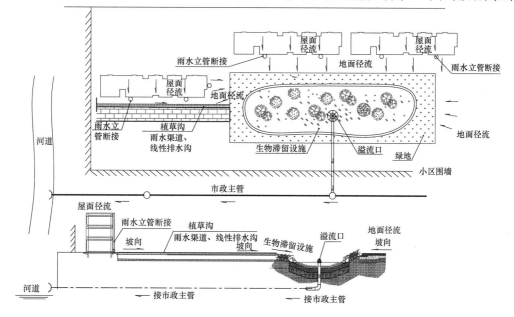

图 3.2-9　小区及排水单元雨水源头减排示意图

率、径流峰值控制要求和雨水利用量合理确定，并应根据各地情况明确相应的设计降雨量。源头减排设施的平面布局和竖向设计，要确保设施服务范围内的雨水径流能有效汇入，经设施调蓄或净化后溢流排入下游雨水系统（图 3.2-10），溢流口的标高和排水能力要确保小区及排水单元的排水安全，并确保源头减排设施功能得到充分发挥。

有条件的小区及排水单元，在新建雨水管网时，宜系统分析地块与周边河道或道路之间的竖向关系，核算周边河道或下游市政雨水管道的雨水排放能力，优先采用植草沟、雨水渠道或线性排水沟等地面排放方式排除雨水。

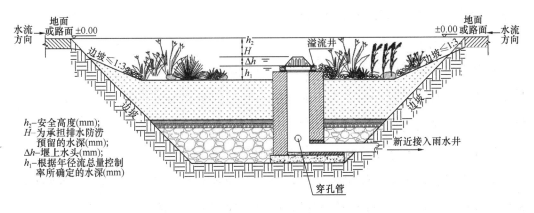

图 3.2-10　源头减排设施溢流排放示意图

3.2.2　化粪池拆改

在分流制市政污水管网完成雨污混接改造或合流制污水管网完成分流改造后，小区及排水单元应拆除化粪池，并同步实施进出水管道改造。当市政污水管网尚未完成雨污混接改造或分流改造，以及位于合流制市政污水管网时，小区及排水单元应保留化粪池，并应对出现渗漏的化粪池及时实施改造。

1. 进出水管道改造

在化粪池拆除前，应新建污水管道超越化粪池（图 3.2-11），管道的管径和坡度要

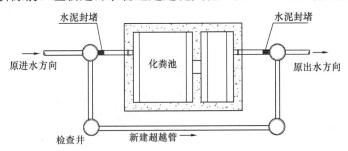

图 3.2-11　化粪池进出水管道改造示意图

满足污水流量、充满度和自清流速（0.6m/s）要求。同时，还应复核小区及排水单元上下游衔接的污水管道管径和坡度，是否能够满足设计充满度和自清流速要求，不能满足要求时，应优先进行翻排，如不具备翻排条件，考虑增设防淤积或清淤措施。

2. 化粪池拆除

化粪池拆除一般包括抽空粪污、拆除上盖、清洗消毒、拆除池体、填实复原等步骤。抽空粪污需委托具有资质的公司进行，对进入现场人员进行安全作业培训和可发生性安全事故警告，做好安全措施，在周围设置防护警戒和专人看守，组织车辆抽运化粪池内的漂浮物和粪渣。抽出的粪污应封闭输送，并妥善处理处置。拆除上盖前，需对化粪池的结构进行评估，拆除过程中应保障池体整体稳定，且不影响周围建筑物。上盖尽量整体拆除，避免碎屑掉入化粪池内部。在拆除池体前需进行清洗和消毒，清洗产生的污水用潜污泵抽送至下游污水管，消毒剂可采用次氯酸钠或二氧化氯。拆除池体需根据现场情况确定，如化粪池位置用作绿化、广场铺装等简易场地，可仅对池体上方进行局部凿除，池体下方保留；如化粪池位置用作其他构建筑物基础，则需对池体整体拆除，池体拆除过程中，需评估对周边建筑物的影响。填实复原后，应与小区物业进行交底，并做好标记。

当化粪池结构完整时，根据小区雨水管网建设情况和海绵城市建设要求，可将化粪池改建为雨水调蓄池，加以利用。

3. 化粪池改造

化粪池出现渗漏或超期服役等问题，应及时更换。更换的化粪池可采用预制钢筋混凝土化粪池或一体化玻璃钢化粪池，结构整体性、防腐性和密封性好，进一步实施防腐处理后，化粪池的渗漏率较低。当小区及排水单元受施工条件限制难以实施更换时，可采用嵌补法、涂层内衬法或土体注浆法进行修复。修复后的化粪池，应进行闭水试验评估修复效果。

3.2.3　污水管网改造

1. 雨污混接改造

小区及排水单元需根据建设年限、混接程度和实施条件等因素，制定整体重建或局部混接点改造方案。具体可参照下列原则：（1）建设年限超过 30 年或混接程度达到 3 级，建议整体重建；（2）除上述情况外，建议采取局部混接点改造。雨污混接改造可结合海绵城市建设、城市更新、道路改建等工程同步实施，避免重复开挖。改造后，应实现小区及排水单元"旱天雨水管道基本不出水，雨天污水管道水量无明显增加"的目标。

雨污混接改造需将错接的污水管或雨水管重新改接至正确的下游排水管网，改接前应校核下游管网排水能力和接入检查井的高程，并对混接管道进行永久性封堵。

如发现居民将污水排出管私接至雨水管时，物业应及时查明私接原因，并实施改造措施，一般包括下列 2 种情况：（1）当因建筑沉降造成排出管断裂或倒坡时，应重新铺设污水排出管，接至小区及排水单元污水管道，并拆除原有污水管道；（2）当因检查井或主干管堵塞引起排水不畅时，应及时疏通检查井或污水管道，当存在大块垃圾无法疏通时应进行重建，并拆除原有污水管道。

2. 污水管道和检查井修复

根据现行行业标准《城镇排水管道检测与评估技术规程》CJJ 181—2012 的有关规定，对小区及排水单元污水管道缺陷进行检测评估。当小区及排水单元污水管道修复指数达到Ⅲ级或Ⅳ级时，应及时进行管道修复。污水管道修复包括开挖修复和非开挖修复两种方式。

考虑小区及排水单元的污水管道具有管径小、埋深浅的特点，管道若存在结构性缺陷，建议采用开挖修复方式置换缺陷管道。为保持管道修复完整性，需按井段进行更换，即更换范围为两个检查井之间的全部管道。管道若存在功能性缺陷，应优先进行疏通，当管道内存在大件垃圾无法疏通或疏通后发现结构性缺陷时，建议采用开挖修复方式置换缺陷管道。当管道上方存在建筑物、楼梯或暗涵时，可采用非开挖修复，或异位新建污水管道的方式进行修复；原管道应封堵、填实。当小区及排水单元内污水管道坡度不能满足自清流速要求时，应进行开挖重建。

小区及排水单元内的污水检查井，建议优先开挖更换。开挖实施难度较大时可采用光固化贴片法、喷涂法、注浆法等非开挖修复方法。存在较大结构性、功能性缺陷的污水砖砌检查井，应挖除后重建。翻建和新增检查井的做法和要求应符合现行国家标准《检查井盖》GB/T 23858—2009 的有关规定。翻建后，检查井的井盖标高要与周边地面标高相协调。检查井内部应安装防坠落装置，对于存在防坠装置老化或缺失、井盖破损等安全隐患的检查井，应补充安装或更换。

3. 合流管道分流改造

合流制小区及排水单元，当所在市政排水系统现状为分流制或规划改为分流制时，应及时进行分流改造。实施合流管道分流改造时，应首先满足海绵城市建设专项规划的要求，结合现状条件实施雨水立管断接等源头减排措施（同第 3.2.1 节）。

合流管道分流改造前应对管道结构进行检测评估，根据管道结构完整性、管径、坡度等，选择分流改造做法（图 3.2-12）。当原有合流管道结构完整、管径能够满足雨水设计流量要求时，应优先利用原有合流管道排放雨水，并新建污水管道。当原有合流管道严密性满足污水输送要求、坡度满足自清流速要求时，污水排放可利用原有合流管道，有条件的小区采用地面排水方式排放雨水，不具备雨水地面排放条件的，应新建雨水管道。当原有合流管道结构存在缺陷或不能满足雨、污水输送要求时，应拆除原有合流管道，新建污水管道、雨水地面排放或雨水管道。

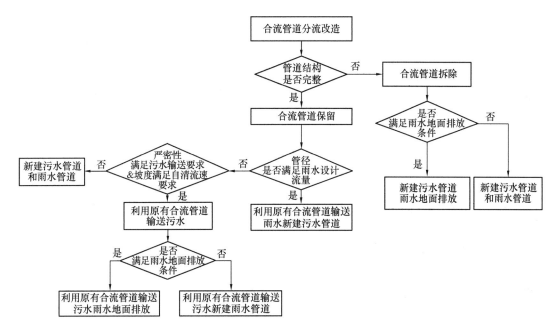

图 3.2-12 小区及排水单元合流管道分流改造做法

（1）利用原有合流管道输送雨水或污水

利用原有合流管道输送雨水时，雨水管渠设计重现期应符合现行国家标准《建筑给水排水设计标准》GB 50015—2019 的有关规定。原有合流管道改为雨水管道前，应先将建筑污水排出管接入新建污水管道，并对原有合流管道进行疏通清理。合流管道疏通可采用射水疏通、绞车疏通、推杆疏通、转杆疏通、水力疏通等方式，具体做法及其适用范围可参照现行行业标准《城镇排水管渠与泵站运行、维护及安全技术规程》CJJ 68—2016 的有关规定[10]。

利用原有合流管道输送污水时，根据管道材质、管径和坡度，校核其严密性是否满足污水输送要求、坡度是否满足自清流速（0.6m/s）要求。

（2）新建污水管道

新建污水管道的平面布置应满足下列要求：1）宜沿道路和建筑物的周边平行布置，且在人行道或绿化带下；2）管道中心线距建筑物外墙的距离不宜小于 3m，管道不应布置在乔木下面；3）管道与道路交叉时，宜垂直于道路中心线；4）干管应靠近主要排水建筑物，并布置在连接支管较多的路边侧。

新建污水管道的最小管径、最小设计坡度和最大设计充满度应符合现行国家标准《建筑给水排水设计标准》GB 50015—2019 的有关规定。污水管道在设计充满度下的最小设计流速应为 0.6m/s，即满足自清流速要求，以防止管道淤积。

（3）雨水地面排放

分析小区及排水单元与周边道路或河道的竖向关系，如满足地面排放要求，建议优先采用雨水渠道或线性排水沟等地面排放方式。具体做法可参照本《指南》第3.2.1 节有关内容。

（4）新建雨水管道

新建雨水管道的平面布置应满足下列要求：1）宜沿道路和建筑物的周边平行布置，且在人行道、车行道下或绿化带下；2）雨水管道与其他管道和乔木之间最小净距，应符合现行国家标准《建筑给水排水设计标准》GB 50015—2019 的有关规定；3）管道与道路交叉时，宜垂直于道路中心线；4）干管应靠近主要排水建筑物，并应布置在连接支管较多的路边侧。

新建雨水管道宜按满管重力流设计，管内流速不宜小于 0.75m/s。雨水管道最小管径和横管最小设计坡度应按表 3.2-1 确定。

小区及排水单元雨水管道最小管径和横管最小设计坡度[5]　　表 3.2-1

管别	最小管径（mm）	横管最小设计坡度
小区建筑物周围雨水接户管	200(200)	0.0030
小区道路下干管、支管	315(300)	0.0015
建筑物周围明沟雨水口的连接管	160(150)	0.0100

注：表中括号内数值是埋地塑料管内径系列管径。

4. 污水提升

当实施化粪池进出水管道改造和化粪池拆除后，管道以重力接入市政污水管网有困难时，可增设污水提升泵站，以保障污水安全排放并避免倒灌风险。当管道敷设空间有限或受地形限制时，可采用真空收集系统。

（1）污水提升泵站

小区及排水单元的污水提升泵站宜采用一体化预制泵站，并按照现行行业标准《一体化预制泵站工程技术标准》CJJ/T 285—2018 的有关规定进行设计和建设[11]。

其他形式的污水提升泵站应满足下列要求：1）泵站设计流量按小区最大小时生活污水流量选定，最大小时生活污水流量按住宅生活给水最大小时流量或公共建筑生活给水最大小时流量之和的 85%～95% 确定；2）泵站设计扬程应按提升高度、管路系统水头损失、另附加 1.5～2.0m 流出水头计算；3）需建成单独构筑物，并采取防腐蚀、除臭等措施；4）采用地下式布置，减少噪声对周边环境的干扰；5）集水池容积根据设计流量、水泵能力和水泵工作情况等因素确定；6）设置不少于 2 台水泵，可采用变频调速装置或采用叶片可调式水泵；7）当污水杂质较少时，宜设置提篮式格栅；当污水杂质较多时，宜设置粉碎式格栅。

（2）真空收集系统

小区及排水单元如采用真空收集系统，应首先开展技术适用性论证，论证内容包括：场地建设条件、系统运行可靠性和经济适用性等。

真空污水收集系统由真空收集格栅井、真空污水收集井、真空污水管道、真空站、中继井（可选）组成，并满足下列要求：1）真空收集格栅井宜设置筛网，过筛流速宜为 0.3～0.5m/s；当接收多路污水时，需在每路进水管路上分别设置格栅井，且格栅井距离真空污水收集井宜大于 0.5m；2）真空污水收集井宜靠近污水排放点，并具有自动启闭功能；真空污水收集井一般具备 3 个以上进水口，以便于接收多路污水；3）真空污水管道宜按满管流计算管径，管道流速不小于 0.7m/s，管道和管件压力等级不小于 1.0MPa，管道每 200m 需设试压阀门井；4）真空站由真空泵、排污泵、真空污水收集罐和辅助设施组成，宜布置于排水系统中心或地势低的位置；5）中继井和真空站之间应设置空气管道连接，使中继井和真空站真空值等同，中继井收集到的污水、废水由设置在真空站和中继井之间的真空污水管道抽吸至真空站。

5. 与市政污水管网衔接

小区及排水单元的主管末端与市政污水管道衔接处，小区及排水单元的污水管道设计水位不应低于市政污水管道的设计水位。

部分末端设置截流井的小区及排水单元，在雨污混接或分流改造完成后，截流井应废除，雨水和污水管道相应改接至正确的市政雨水和污水管道。

小区及排水单元可在污水管道的主管末端（即接入市政污水管道前）设置污水检测井，并设置格栅拦截垃圾等杂物。

6. 垃圾收集点改造

露天设置且需冲洗垃圾桶的垃圾收集点，周边宜设置截流设施和防蚊蝇措施。截流设施平时封闭，冲洗时打开，冲洗水应排入污水管道。

垃圾收集点的雨水可通过浅槽排入下游雨水口，该雨水口应改为沉泥雨水口，其下游第一个雨水检查井内宜设置沉泥槽。

7. 其他排水单元污水管道改造

除居住区外，排水单元还包括机关事业单位（含学校）、工业商业企业、城中村、部队等类型。机关事业单位（含学校）和部队的污水排放特征与居住区类似，可参照小区实施污水管道改造。城中村应根据现状建设条件和近期规划情况，规划近期拆迁或不具备污水管网改造条件时，可采用末端截流措施。

工业商业企业排放的污废水水量水质特征与生活污水存在差异，可能会对末端市政污水处理厂的正常运行造成影响。此类排水单元应根据《城镇污水排入排水管网许可管理办法》的有关要求，办理排水许可证，并根据行政许可要求排放污水。需设置污水处理设施的城镇排水单元一般包括下列 7 种情况：

（1）从事餐饮经营活动的排水单元，污水应经隔油池处理后再排入市政污水管道；不具备条件设置隔油池时，应在厨房排水管道出口处安装一体化油水分离器；小型餐饮集中建设的区域，可设置集中隔油池；

（2）修配厂（场）、洗车场、汽车加油站、加气站排放的污水，应设置隔油沉砂池；

（3）理发店、宾馆和洗浴场所，应设置毛发收集器；

（4）建筑工地应设置沉淀池；

（5）农贸市场应设置格栅或沉淀设施；

（6）排放洗染、农药、化工污（废）水的排水单元，应根据出水水量和水质特征设置污水处理设施，排放污水的水质应符合现行国家标准《污水排入城镇下水道水质标准》GB/T 31962—2015 的有关规定；

（7）医疗机构排放污水的水质应符合现行国家标准《医疗机构水污染物排放标准》GB 18466—2005 的有关规定。

3.3 运 行 维 护

3.3.1 巡查

小区及排水单元污水管网的日常巡查对象包括：化粪池、污水管道和雨水管渠、检查井、雨水口和源头减排设施的雨水溢流口、污水提升泵站、格栅井、隔油池等。

化粪池日常巡查内容包括：污水冒溢、盖板缺失和破损、异味散发、违章占压。

污水管道和雨水管渠日常巡查内容包括：存在违章占压、塌陷，雨水和污水立管被违章遮挡、堵塞、变形、破损，私自接管。

检查井日常巡查内容包括：雨污水冒溢，井盖破损、缺失或标识错误，井框变形、破损或被埋没，井盖和井框之间存在凸出、凹陷、跳动和有声响，井盖圈围和周边道路路面有裂缝和破损。

雨水口日常巡查内容包括：道路积水，雨水口缺失或破损，雨水箅子堵塞或破损，散发异味和倾倒垃圾。

污水提升泵站日常巡查包括外部巡查和内部巡查。外部巡查一般每月不少于 1～2 次，内容包括：检修孔盖板和标识缺失、破损，异味散发，违章占压。内部巡查一般每年不少于 4～6 次，内容包括：格栅栅条上存在垃圾、集水井内存在垃圾和积泥、设备运行状态。

格栅井巡查内容包括：堵塞淤积，井盖破损、修订或被埋没，井框破损、井框变形、破损或被埋没，井盖和井框之间存在凸出、凹陷、跳动和有声响，井盖圈围和周边道路路面有裂缝和破损。

隔油池、毛发收集器、隔油沉砂池、沉淀设施等排水单元设置的污水处理设施，日常巡查内容包括：污水冒溢、堵塞淤积、盖板缺失和破损、异味散发、违章占压、设备运行状态等。

源头减排设施日常巡查内容包括：存在垃圾或杂物、雨天积水，设施堵塞或损坏，植物生长情况，溢流井等变形、破损、缺失，设施表面沉降、塌陷、侵蚀等。

3.3.2 维护

1. 化粪池

化粪池需委托有资质的专业人员进行清掏，应满足以下要求：（1）清掏过程禁止明火；（2）清掏人员佩戴个人卫生防护用品；（3）清掏前，检查抽粪车和抽粪管道，避免粪污泄漏；（4）清掏作业期间，需在化粪池周边就近放置醒目警示标志，提醒行人、车辆安全避让；人员进入化粪池内作业前，化粪池需进行充分的通风；（5）清掏后，污水、粪便等污染物需妥善处理，并冲洗场地和清掏工具，不对周围环境造成污染。

2. 污水管道

小区及排水单元污水管道运行水位应满足设计充满度要求。如污水管道产生淤积影响污水输送效能，需开展污水管道清淤疏通，污水管网淤泥深度不超过管道直径的1/8[12]。管道疏通常用方法包括推杆疏通、转杆和推杆疏通、绞车疏通和高压射流疏通法。具体做法可参考第4.4.2节。

3. 污水提升泵站

污水提升泵站内的水泵、管配件、机电设备需定期维护，泵房等附属设施也应定期维护并保持完好，日常维护内容需做好记录并纳入档案管理。具体维护内容、频次和要求可参照现行行业标准《城镇排水管渠与泵站运行、维护及安全技术规程》CJJ 68—2016的有关规定执行[10]。

4. 其他附属设施

格栅日常维护中，经常会出现格栅污物过多问题。格栅污物过多积聚，会引起格栅前后水位差过大，造成格栅变形损坏，影响格栅拦截杂物的功能，应加强清捞。格栅运行维护包括下列内容：（1）正常运行时，格栅前后水位差应小于100mm；（2）格栅上的污物应及时清除，井口周边地面保持清洁；（3）格栅片无松动、变形、脱落。

隔油池运行维护以清掏为主，可采用人工或机械设备进行。清掏后隔油池内无浮油、淤泥等杂物，出入水管运行畅通，污水不外溢。清掏后的污水、浮渣等固体废弃物应妥善处理。

源头减排设施运行维护频次需根据设施种类、气候特征、降雨特征、是否在汛期等因素确定，每年至少一次，一般包括下列内容：（1）设施排空时间是否超过设计要求；（2）进水口、溢流口清理和维护；（3）结构层清理或更换；（4）消能设施修复；（5）植物养护；（6）垃圾、淤积物清理；（7）边坡修复和加固。

第4章 市政污水管网改造

市政污水管网建设运行调查、现状问题分析和评估、系统改造和运行管理，需以污水排水分区为依据，结合海绵城市建设、城市更新、道路改扩建等工程，合理制定改造计划。

4.1 调查与评估

4.1.1 信息调查

调查对象包括污水管道、泵站和截流设施。为了满足"源-网-厂"全过程管理需求，还应同步调查污水处理厂的基本信息。在现状信息调查基础上，建议进一步收集污水处理规划、近期规划建设和在建项目清单等资料。

基础信息可通过当地城建或水务等部门获取。对基础信息缺失的污水系统，宜结合海绵城市建设、城市更新、道路改扩建、长效运维等工作，及时汇总相关资料。

信息调查时，应记录数据来源、数据获取日期、填报单位、填报日期。信息调查完成后，需及时开展成果校验，以保障数据结果准确性和完整性。校验完成后录入本地智慧排水平台。信息调查可参考现行国家标准《城市排水防涝设施数据采集与维护技术规范》GB/T 51187—2016 的有关规定[6]。

1. 污水管道

污水管道信息调查对象包括：污水管道、检查井。

污水管道基础信息包括：管道标识码、污水排水分区编码、类别（污水管道或合流管道）、建设时间、起点和终点坐标、长度、起点和终点管底标高、坡度、直径、材质、粗糙系数、是否是倒虹管、排放去向、设施状态、运行维护情况。其中，粗糙系数若无数据，可根据管道材质确定。

29

检查井基础信息包括：检查井标识码、类别（污水检查井或合流检查井）、污水排水分区编码、位置坐标、地面高程、材质、井径、井深、接入管数、设施状态、运行维护情况。

2. 泵站

泵站基础信息包括：泵站标识码；污水排水分区编码、名称、地址、位置坐标、类型；水泵总台数和工作台数、设计流量、单泵流量和扬程；集水池尺寸、设计水位、运行水位、运行流量、COD_{Cr}、氨氮、总磷等水质监测数据；占地面积、服务范围、服务面积、装机容量、溢流排放口、溢流去向、设施状态。

3. 截流设施

截流设施基础信息包括：截流设施标识码，污水排水分区编码，位置坐标，类型，连接管编码，截流内部设施编码，堰高、槽深或可调堰信息等参数，截流量，流量控制设施，防倒灌设施，设施状态。

4. 污水处理厂

污水处理厂基础信息可从水务部门、排水公司或当地的水务信息库获取。

污水处理厂基础信息包括：污水处理厂名称、污水排水分区编码、位置坐标、占地面积、服务范围、服务面积、设计规模、设计工艺、实际进水水质和水量、再生水水质和水量等。

4.1.2 问题分析

市政污水管网问题包括雨污混接、管道渗漏、管网空白区等，还包括合流制规划改为分流制排水系统等系统性改造需求。其中，雨污混接和管道渗漏需采用人工目视检查法、仪器探查法、水质特征因子法和水量平衡分析法进行分析，根据分析结果进行混接程度或缺陷程度评估。管网空白区可通过分析基础信息调查资料直接获得。

1. 污水排水分区划分

污水排水分区划分，应根据污水专项规划和详细层级规划，以污水处理厂服务范围为依据确定清晰的现状边界，并应明确服务人口数。对于污水处理厂服务范围较大的区域，可根据实际工作需求，以污水泵站服务范围为依据划分二级分区。通过当地城建或水务等部门已有信息，确定各排水分区的现状排水体制，建立排水分区清单和档案，并满足下列要求：（1）污水排水分区划分要覆盖完全，可根据地理信息系统（GIS）落图情况，查看是否存在管道重叠或支干管缺失区域；（2）污水排水分区划分与管网服务范围需一致，边界区域划分要清晰；（3）基础信息资料需完整、准确。

2. 问题区域排查原则

基于前期调查结果进行综合判定，出现下列问题的市政污水和雨水管网，可作为问题区域进行重点排查：

（1）雨天增量明显的污水泵站或污水处理厂服务范围，各地需根据污水量的历史监测数据，科学提出雨天增量的判定标准；

（2）进水 BOD_5 浓度不足 100mg/L 的污水处理厂服务范围，其中：合流制污水处理厂进水 BOD_5 浓度为旱天进水浓度；

（3）雨水排水水质较差或已超过受纳水体水环境容量的泵站、排放口服务范围；

（4）因污水冒溢、积水严重等问题，出现居民集中投诉的区域。

问题区域排查需遵循下列原则：

（1）编制市政污水管网问题区域集中排查方案；

（2）同一区域内市政污水管网和小区及排水单元污水管网应同步排查；

（3）遵循先干管后支管的原则分段开展；

（4）系统内管道处于低水位状态时，应首先采用人工目视检查法，无法判定时可结合水质水量检测结果或水质特征因子法进行判断；系统内管道处于高水位状态时，首先要基于管网拓扑结构梳理关键节点，在关键节点结合水质水量检测结果或水质特征因子法进行判断，缩小排查范围；

（5）通过预判缩小排查范围后，应结合上游小区及排水单元排查成果和管道结构检测资料，开展混接或外水入侵点位判定；优先采用人工目视调查法进行判断，如无法准确判断点位时，采用闭路电视检测技术（CCTV 检测）、电子潜望镜检测技术（QV 检测）等仪器探查法；

（6）污水管网问题排查应符合现行行业标准《城镇排水管道维护安全技术规程》CJJ 6—2009 和有限空间作业等安全规定。

3. 问题区域初判

市政雨污混接包括分流制排水系统内雨污混接、合流制与分流制排水系统混接、污水支管缺失或能力不足造成混接。

问题区域排查应优先根据管网拓扑资料确认关键节点，关键节点包括：干、支管交汇点，管网末梢，管网中流量可能发生剧烈变化的位置等。通过关键节点的观察和检测判断存在雨污混接或外水入侵的区域。

（1）分流制污水系统雨水混接预判

优先采用人工目视检查法或基于现有监测数据进行分析预判，通过目视或水量监测发现分流制污水系统存在下列现象之一，可认为区域存在雨水混接进入污水系统：

1）雨天，污水泵站输送水量明显高于旱天输送水量；

2）雨天，污水检查井水位相比旱天水位明显升高或产生冒溢现象。

通过上述方法无法确认，或对某一具体管段进行混接判断时，可结合水质检测结果进行预判。如分流制污水系统存在下列现象之一，可认为区域存在雨水混接进入污水系统：

1）雨天，污水检查井或泵站集水井日均 COD_{Cr}、氨氮浓度明显低于旱天浓度；

2）雨天，污水管道下游节点 COD_{Cr}、氨氮浓度明显低于上游节点。

（2）分流制雨水系统污水混接预判

优先采用人工目视检查法进行预判，如分流制雨水系统存在下列现象之一，可认为区域存在污水混接进入雨水系统：

1）旱天（连续未降雨 72h），雨水管道高水位运行或有水流动，水质浑浊且有明显异味（在工作日和非工作日分别开井，次数不少于 3 次）；

2）旱天（连续未降雨 72h），雨水排放口有污水流出。

通过目视发现雨水检查井旱天有水流出或雨水排放口有水流但无法判断其性质时，可通过水质检测进一步判断。对分流制雨水系统进行水质检测（应在工作日和非工作日分别开展，24h 取样次数不低于 3 次，间隔不少于 4h），如存在下列现象之一，可认为区域存在污水混接进入雨水系统：

1）旱天（连续未降雨 72h），雨水检查井的接入支管有水流动，COD_{Cr} 或氨氮浓度超过建议阈值，可认为该点或上游区域存在混接；其中，污染物浓度建议阈值可根据各地的降雨特征、雨污水水质和水量等因素确定；

2）旱天（连续未降雨 72h），雨水泵站集水井水位明显升高且 COD_{Cr} 或氨氮浓度超过建议阈值；

3）旱天（连续未降雨 72h），雨水管道下游节点 COD_{Cr}、氨氮浓度明显高于上游节点；

4）雨水排放口有水流出且出水 COD_{Cr} 或氨氮浓度超过建议阈值。

（3）合流制与分流制排水系统混接预判

在合流制与分流制并存的地区，除分流制系统内雨污混接外，目前还存在合流制与分流制排水系统混接，主要包括：上游合流污水排入下游分流制雨污水管道、上游分流制污水接入下游合流管道。

合流制与分流制排水系统存在下列现象之一，可认为区域存在混接：

1）上游合流制污水混接入下游分流制雨水系统的判定，可参考前述"（2）分流制雨水系统污水混接预判"；

2）上游合流制（分流制）污水混接入下游分流制（合流制）污水系统的判定，可基于区域供水排水数据，通过水量核算分析发现旱天污水量明显高于供水量；具体数值需结合污水排水分区大小、服务人口数等确定。

（4）污水支管缺失或能力不足造成的混接

因市政污水支管缺失或能力不足，可能会造成小区污水接入市政雨水管道而形成源头雨污混接。

在信息化完善地区，污水支管缺失或能力不足造成的混接可首先查看系统 GIS 管网拓扑关系，结合相关设计或竣工验收文件进行判断；如资料不全时，可通过目视检查市政雨水检查井旱天是否有水流出，且水质浑浊有明显异味（在工作日和非工作日分别开井检查，次数不少于 3 次），进行判定。

4. 问题管段判定

当上述方法无法判别或需进一步缩小范围确定混接区域，可在上述预判方法的基础上，结合水质特征因子法实现混接的进一步解析。水质特征因子法一般可将可能存在的雨污混接问题区域缩小至 2 个监测点位之间的管段。

5. 问题点位判定

雨污混接或外水入侵点位排查需根据管道内水位和运行情况选择判定方法，对于近期已完成 CCTV、QV 检测的管道，要充分利用已有资料进行辅助判断。

当污水管网混接点的管道处于低水位状态时，可采用人工目视调查法判定检查井内支管接入情况和雨水流入情况：

1）若有雨水管道或合流管道接入的，则直接判定为混接点；

2）若有支管接入但无法判断性质的，可采用水质特征因子法辅助判断，并应向支管上游溯源，直至找到最上游混接点，则该点判定为混接点。

当人工目视调查法无法判断或无法确认位置时，需借助仪器探查法来查找混接或外水入侵点可能存在的位置：

1）在管道内水位满足要求的情况下优先选择使用管道潜望镜检测；

2）在管道潜望镜检测无法有效查明或混接点要求准确定位的情况下，应采用CCTV检测；

3）当管道降低水位比较困难时，可以使用声呐检测的方式来查找管道内存在的暗接点；

4）仪器探查发现管道有支管暗接的，应调查暗接管道的性质，判断是否属于混接点；当暗接支管的管道类别与连接主管不同时，则可判定该处暗接点为混接点；

5）当通过仪器探查发现有支管暗接，但是对于暗接支管的连接方向无法判断时，可以使用染色和烟雾检测法、泵站配合等来确定管道的连接关系；通过连接关系来确定管道的属性，当管道类别不同时，即可判断为混接点；

6）暗接支管的管道类别与连接主管相同时，进一步通过水质监测判断暗接支管的上游是否存在雨污混接，若水质指标检测结果判断与管道类别不符，可确定该暗接支管上游为混接源；

7）外水入侵点位判定应结合 QV 和 CCTV 检测法，并应进一步探查缺陷种类，评估缺陷程度。

6. 分析方法

雨污混接应优先采用人工目视检查法、水质特征因子分析法、水量平衡分析法进行分析，逐步缩小待分析的问题区域，再通过仪器探查法判断混接点位。管道渗漏应采用仪器探查法进行分析和评估。

（1）水质特征因子法

水质特征因子法是基于不同混接类型之间差异性指标的分析方法。在检查井、排放口水质采样和水质特征因子监测的基础上，通过监测上下游点位水质特征因子的浓度变化来判断是否存在混接，还可通过质量平衡方程进行定量分析。使用该方法时，在管道高水位运行条件下不需要预先降低水位；具有不干扰管网运行的特点。

水质特征因子包括下列 4 类：

1）污水水质特征因子。包括氨氮、总氮、总磷、表面活性剂等。其中，氨氮、总氮、总磷是表征粪便污水接入的水质特征因子指标，表面活性剂是表征洗涤污水接入的水质特征指标。水质特征因子浓度值根据当地监测数据确定。原则上监测数据应涵盖若干个不同规模的新式和旧式居民区，每个居住区应连续采样两天，每天连续采样 24h，每间隔 4h 采样一次。如无法现场取样检测，可参考表 4.1-1 确定。

污水水质特征因子和参考值　　　　表 4.1-1

水质参数	洗涤污水		粪便污水	
	范围	均值	范围	均值
COD$_{Cr}$	142～387	285	426～803	575
氨氮	3.6～9.6	6.1	46.8～109.3	76.8
总氮	12.3～40.0	22.4	54.2～121.6	99.2
磷酸盐	0.47～1.36	0.89	4.16～7.74	5.87
表面活性剂	1.86～7.64	3.46	0.83～1.92	1.31
钾	12.9～36.7	23.6	25.0～56.0	37.6
钠	22.2～68.3	38.7	16.7～63.7	44.4
氯化物	26.0～76.0	51.9	89.0～252	153
电导率	1.07～1.78	1.47	27.9～51.2	37.2
安赛蜜	1.07～1.78	1.47	27.9～51.2	37.2

注：1. COD$_{Cr}$、氨氮、磷酸盐、总氮、表面活性剂、氯化物、电导率是在某居住小区连续一周实测结果，每 3h 取样 1 次。

2. 钾、钠、安赛蜜为连续 48h 的实测结果，每 3h 取样 1 次。

3. 电导率单位：μS/cm；安赛蜜单位：μg/L；其余指标单位：mg/L。

4. 表中数据来自中国工程建设标准化协会标准《城镇排水管道混接调查及治理技术规程》T/CECS 758—2020[7]。

2）工业废水水质特征因子。对于有生产性活动的工业企业，其废水特点与生产工艺和生产过程中使用的原材料有关。无机离子包括钠、钾、氯化物、磷酸盐、硫酸盐是良好的表征工业废水的水质特征因子。工业废水水质特征因子浓度值根据现场监测数据确定。对于不同类别的工业企业，应分别通过现场监测确定其特征因子浓度值。原则上每个工业企业的采样应涵盖其整个生产周期，采集 10 个以上水样。如无法现场取样检测，可参考表 4.1-2 确定。

工业废水水质特征因子和参考值　　　　表 4.1-2

特征因子	参照值	来源
电导率	≥2000	食品、医药、纺织、造纸、皮革、无机化工、计算机、通信和其他电子设备制造废水接入的可能性大
pH	≤5 或≥8	酸性或碱性废水接入的可能性大
总磷	≥8.0	机械制造、计算机、通信和其他电子设备制造业等废水接入的可能性大
钾	≥40	食品、医药制造等废水接入的可能性大
钠	≥60	食品、纺织、金属制品、皮革、造纸、医药废水接入的可能性大
氯化物	≥160	食品、无机化工、纺织、造纸、皮革、医药、计算机、通信和其他电子设备制造废水接入的可能性大
氟化物	≥1.0	计算机、通信和其他电子设备制造废水接入的可能性大

注：1. 电导率单位：μS/cm；pH 无量纲；其余水质指标单位：mg/L。

2. 表中数据来自中国工程建设标准化协会标准《城镇排水管道混接调查及治理技术规程》T/CECS 758—2020[7]。

3）地下水水质特征因子。浅层地下水水质特征因子可采用总硬度表征。因建筑工地的基坑排水具有地下水的水质特点，当污水管网中存在建筑工地基坑排水接入时，应按地下水考虑。地下水水质特征因子浓度值应根据现场监测数据确定。原则上每个地下水监测井每天采样 1 次，采集 10 个以上水样。地下水监测点的布置应考虑空间上的合理分布，并考虑河水和地下水浅层含水层交换对地下水水质的影响。如无法现场取样检测，可参考表 4.1-3 确定。

地下水水质特征因子和参考值[13]   表 4.1-3

水质参数	范围	均值
总硬度	384～420	402
电导率	1596～5860	3372
氨氮	0.23～0.79	0.49
总氮	0.49～2.23	1.15
总磷	0.94～2.95	1.64

注：电导率单位：$\mu S/cm$；其余水质指标单位：mg/L。

4）海水水质特征因子。沿海地区如存在海水倒灌的情形，应增加海水水质特征因子。海水水质特征因子可采用氯化物，浓度值参照当地已有的监测数据。无监测数据时每天采样 1 次，采集 10 个以上水样来确定水质特征因子浓度值。如无法现场取样检测时，可采用经验数据，如表 4.1-4 所示。

海水水质特征因子和参考值   表 4.1-4

水质参数	平均值
盐度	3.5
氯化物	19.3×10^3

注：盐度单位：%；氯化物单位：mg/L。

（2）水量平衡分析法

水量平衡分析法是一种基于污水管道进出水流量数据的分析方法。通过旱天水量平衡关系确定外水入流入渗量和污水外渗量，对污水管道渗漏等缺陷情况进行判断；还可通过旱天和雨天水量平衡关系确定污水管道的雨水入流量，对雨污混接情况进行判断。水量平衡分析法包括夜间最小流量法、三角分析法和管道流量分区观测法。

1）夜间最小流量法

夜间最小流量法假设在凌晨 2：00～4：00（或者 3：00～5：00）期间，污水管道内污水流入量少，此时管道中的水量主要为入渗地下水。适用于评估小范围的污水管道地下水入渗量，且不适用于高水位运行管道。

夜间最小流量监测一般在工作日开展，连续观测时间不少于 72h，将各日的夜间最小流量平均值作为最终确定的夜间最小流量。如无调查资料时，可按日平均流量的 6%～10% 计。

2）三角分析法

三角分析法适用于污水处理厂或者污水泵站服务范围的地下水入渗量和雨水入流量分析。对特定时间段内污水处理厂或泵站日进水流量曲线进行分割，以天为最小计算单位，基础数据需包括所选时间段（总天数记为 n）每日污水流量和发生降雨的填实。将一年内的日污水流量由大到小升序排列并按 1 到 n 进行编号。绘图时，以当日编号与 n 的比值为横坐标，以当日污水流量与该段时间内最大日污水流量的比值为纵坐标，进行绘图（图 4.1-1）。

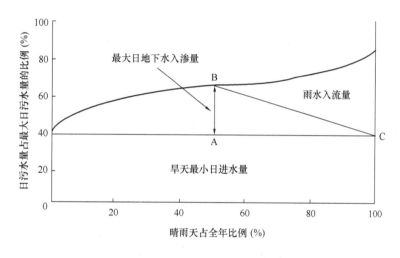

图 4.1-1　三角分析法原理[14]

假设旱天最低进水量全部为污水，则图 4.1-1 下方矩形区域代表年污水排放量，矩形上方区域则代表年雨水入流量和年地下水渗入量等外来水之和。假设雨天污水处理厂进水流量最小时，外来水全部为入渗的地下水；雨天进水流量最大时，外来水全部为入流雨水。将一年中旱天所占的比例在横坐标上标识出来，得点 A。从该点画垂线交曲线于一点 B，并连接点 B 到右下角点 C，则直线 BC 下方区域表示年地下水渗入量，直线 BC 上方区域表示雨天雨水入流量。如果曲线的中间部分比较长和高，则表示该系统的地下水入渗比较严重。三角分析法适用于年尺度的外水入流入渗量评估。

3）管道流量分区观测法

管道流量分区观测法是将污水管道每间隔一定距离设置一个观测点位，污水量宜在旱天连续 7d（避开国庆节、春节等长假期间）以上的流量观测。根据相邻上下游点位的水量平衡关系，确定两个点位之间污水管段的地下水入渗水量、污水外渗水量和雨天雨水入流量。

① 地下水入渗水量分析

地下水水位高于污水管道管底标高时，地下水入渗量按下式计算。

$$\Delta Q_{入渗} = Q_{旱天,下游} - Q_{旱天,上游} - \Delta Q_{污水} \tag{4.1-1}$$

式中　$\Delta Q_{入渗}$——污水管段的入渗地下水水量，m^3/d；

　　$Q_{旱天,上游}$——上游观测点位旱天水量，m^3/d；

　　$Q_{旱天,下游}$——下游观测点位旱天水量，m^3/d；

　　$\Delta Q_{污水}$——污水管段沿程接纳的污水排放量，m^3/d；利用污水排放溯源方法确定特定管段的污水接纳量。

根据污水管道分区流量观测确定的各管段地下水入渗量，可评估污水管道的渗漏程度。目前，常见的方法有下列 3 种：

a. 污水水量基准值法

采用污水水量基准值法进行管段渗漏程度评价，可按下式计算。

$$\varepsilon = \frac{\Delta Q_{入渗}}{\Delta Q_{0入渗}} \tag{4.1-2}$$

式中　　ε——污水管段的渗漏系数；

　　$\Delta Q_{入渗}$——污水管段的入渗地下水水量，m^3/d；

　　$\Delta Q_{0入渗}$——污水管段的允许地下水入渗量，m^3/d；按该污水管段接纳污水量的 10%～15% 考虑。

根据污水管段渗漏系数的计算结果，污水管段渗漏程度评价为：（a）$\varepsilon \leqslant 1$，污水管段基本不渗漏；（b）$1 < \varepsilon \leqslant 2$，污水管段中度渗漏；（c）$\varepsilon > 2$，污水管段严重渗漏。对于评价结果为中度渗漏或严重渗漏的污水管段，可对其进行加密流量观测或进一步开展设备检测。

b. 单位管长-管径地下水入渗量基准值法

采用单位管长-管径地下水入渗量基准值法进行管段渗漏程度评价，可按下式计算。

$$q_{入渗} = \frac{\Delta Q_{入渗}}{ld} \tag{4.1-3}$$

式中　$q_{入渗}$——污水管段的单位管长-管径地下水入渗量，$m^3/(d \cdot mm \cdot km)$；

$\Delta Q_{入渗}$——污水管段的入渗地下水水量，m^3/d；

l——污水管段的长度，km；

d——污水管段的当量管径，mm；可按对应污水管段中不同管径长度的加权平均值计算。

美国单位管长-管径地下水入渗量限值 $0.01 \sim 1.0 m^3/(d \cdot mm \cdot km)$。参照此限值，当 $q_{入渗} > 1.0 m^3/(d \cdot mm \cdot km)$，可进行加密流量观测或进一步采用仪器探查法。

c. 单位面积地下水入渗量基准值法

采用单位面积地下水入渗量基准值法进行管段渗漏程度评价，可按下式计算。

$$q'_{入渗} = \frac{\Delta Q_{入渗}}{A} \tag{4.1-4}$$

式中　$q'_{入渗}$——污水管段的单位面积地下水入渗量，$m^3/(km^2 \cdot d)$；

$\Delta Q_{入渗}$——污水管段的入渗地下水水量，m^3/d；

A——该污水管段对应的服务面积，km^2。

美国单位面积地下水入渗量限值为 $28 \sim 2800 m^3/(km^2 \cdot d)$。参照此限值，当 $q'_{入渗} \geqslant 2800 m^3/(km^2 \cdot d)$ 时，可进行加密流量观测或进一步采用仪器探查法。

② 污水管道雨水入流量分析

污水管道任一观测点位上游服务区域的雨天雨水接入量，可按下式计算。

$$Q_{雨水} = Q_{雨天} - Q_{旱天} \tag{4.1-5}$$

式中　$Q_{雨水}$——观测点的某降雨场次雨水入流水量，m^3/d；

$Q_{雨天}$——观测点的某降雨场次累积流量，m^3/d；按降雨开始后至少连续 $24h$ 的累积流量值确定；

$Q_{旱天}$——观测点的旱天水量，m^3/d。

两个观测点位之间污水管段的雨水入流量，可按下式计算：

$$\Delta Q_{雨水} = Q_{雨水,下游} - Q_{雨水,上游} \tag{4.1-6}$$

式中　$\Delta Q_{雨水}$——两个观测点位之间污水管段的雨水入流量，m^3/d；

$Q_{雨水,上游}$——上游观测点位的雨水入流量，m^3/d；

$Q_{雨水,下游}$——下游观测点位的雨水入流量，m^3/d。

对于判定为存在雨水入流的污水管段，可对其进一步加密监测，确定污水管道的雨水错接点位。污水管道流量观测宜采用速度-面积流量计法。

（3）仪器探查法

市政污水管道渗漏检测，除采用 CCTV 检测和 QV 检测技术之外，还可采用内窥声呐检测、染色和烟雾检测法。

内窥声呐检测技术利用管道内污水作为声波传播媒介，对管道内壁情况进行扫描。声波在水中有良好的穿透性，根据水和其他物质对声波的吸收能力不同，主动声呐装置向水中发射声波，通过接收水下物体的反射回波发现目标，目标距离可通过发射脉冲和回波到达的时间差进行测算，形成管道的二维横断面图或三维声场图像，再依据管壁结构内表面图像进行缺陷程度定性判断。该技术不仅可以对管道的功能性缺陷进行检测，还能够对管道直径和水深进行准确测量。该技术操作简单、安全，检测精度可达厘米级，但检测时需管道内水深不低于 300mm。

染色和烟雾检测技术用于检测管道内水位和水流情况。当管道内水体为流动状态时，可采用无毒无害的染色剂进行染色检查，染色后可以对水位、水流状态和水流方向进行直观判断。当管道充满度小于 0.65 且水体流动缓慢时，可采用无毒无害的彩色烟雾进行检测。该技术操作方法简单、安全，但需要管道内污水处于流动状态。

4.1.3 问题评估

在实施市政污水管道改造前，需对市政雨污混接程度和污水管道缺陷程度进行评估，以指导市政污水管网确定改造范围和改造计划。

1. 雨污混接程度

市政雨污混接程度评估，可按单个混接点（或混接源）和区域两个层级分别进行。

单个混接点或混接源的混接程度可根据接入管管径、混接水量、混接水质进行评估，分为重度混接（3级）、中度混接（2级）、轻度混接（1级），见表 4.1-5[7]。

单个混接点或混接源混接程度分级标准 表 4.1-5

混接程度和分级	接入管管径 d（mm）	出流流量 q（m³/d）	污水出流水质（mg/L）	
			氨氮	COD
重度混接（3级）	$d \geqslant 600$	$q > 600$	>30	>200
中度混接（2级）	$300 \leqslant d < 600$	$200 < q \leqslant 600$	>6 且 $\leqslant 30$	>100 且 $\leqslant 200$
轻度混接（1级）	$d < 300$	$q < 200$	$\leqslant 6$	$\leqslant 100$

注：表中数据来自中国工程建设标准化协会标准《城镇排水管道混接调查及治理技术规程》T/CECS 758—2020[7]。

区域雨污混接程度宜采用混接密度进行评估。根据污水管道每公里混接点个数（即混接密度 M），分为重度混接（3 级）、中度混接（2 级）、轻度混接（1 级），见表 3.1-1[7]。

2. 污水管道缺陷程度

（1）结构性缺陷

1）缺陷类型与缺陷分值

管道结构性缺陷包括破裂、变形、腐蚀、错口、起伏、脱节、接口材料、支管暗接、异物穿入和渗漏等，根据缺陷程度不同，按照现行行业标准《城镇排水管道检测与评估技术规程》CJJ 181—2012 中表 8.2.3 对不同类型结构性缺陷进行赋值，得到不同类型结构性缺陷分值（P_i）。

2）管段损坏状况参数和结构性缺陷密度计算

管段损坏状况参数（S、S_{max}）是缺陷分值的计算结果，S 是管段各缺陷分值的算术平均值，S_{max} 是管段各缺陷分值中的最高分值，按下列公式计算。

$$S = \frac{1}{n}(\sum_{i_1=1}^{n_1} P_{i_1} + \alpha \sum_{i_2=1}^{n_2} P_{i_2}) \tag{4.1-7}$$

$$S_{max} = \max\{P_i\} \tag{4.1-8}$$

$$n = n_1 + n_2 \tag{4.1-9}$$

式中　n——管段的结构性缺陷数量；

n_1——纵向净距大于 1.5m 的缺陷数量；

n_2——纵向净距大于 1.0m 且不大于 1.5m 的缺陷数量；

P_{i_1}——纵向净距大于 1.5m 的缺陷分值，按现行行业标准《城镇排水管道检测与评估技术规程》CJJ 181—2012 中表 8.2.3 取值；

P_{i_2}——纵向净距大于 1.0m 且不大于 1.5m 的缺陷分值，按现行行业标准《城镇排水管道检测与评估技术规程》CJJ 181—2012 中表 8.2.3 取值；

α——结构性缺陷影响系数，与缺陷间距有关，当缺陷的纵向净距大于 1.0m 且不大于 1.5m 时，$\alpha=1.1$。

管段结构性缺陷密度（S_M）是管段平均缺陷值 S 对应的缺陷总长度占管段长度的比值，按下式计算。

$$S_M = \frac{1}{SL}(\sum_{i_1=1}^{n_1} P_{i_1} L_{i_1} + \alpha \sum_{i_2=1}^{n_2} P_{i_2} L_{i_2}) \tag{4.1-10}$$

式中 S_M——管段结构性缺陷密度；

$\quad\quad L$——管段长度，m；

$\quad\quad L_{i_1}$——纵向净距大于 1.5m 的结构性缺陷长度，m；

$\quad\quad L_{i_2}$——纵向净距大于 1.0m 且不大于 1.5m 的结构性缺陷长度，m。

3）管段结构性缺陷参数计算

管段结构性缺陷参数（F）的确定，按下列公式计算，是对管段损坏状况参数经比较取大值而得。管段结构性参数的确定是依据排水管道缺陷的开关效应原理，即一处受阻，全线不通。因此，管段的损坏状况等级取决于该管段中最严重的缺陷。

$$当 S_{max} \geqslant S 时, F = S_{max} \quad\quad\quad (4.1\text{-}11)$$

$$当 S_{max} < S 时, F = S \quad\quad\quad (4.1\text{-}12)$$

4）结构性缺陷等级和类型划分

根据管段结构性缺陷参数（F）的计算数值按照表 4.1-6 进行缺陷等级划分，按缺陷严重程度共分为Ⅰ、Ⅱ、Ⅲ、Ⅳ四个等级。根据管段结构性缺陷密度（S_M）的计算数值按照表 4.1-7 进行管段结构性缺陷类型评估，可分为局部缺陷、部分或整体缺陷、整体缺陷三种类型。

结构性缺陷等级　　　　　　　　　　　　　　　　表 4.1-6

等级	缺陷参数 F	损坏状况描述
Ⅰ	$F \leqslant 1$	无或有轻微缺陷，结构状况基本不受影响，但具有潜在变坏的可能
Ⅱ	$1 < F \leqslant 3$	管段缺陷明显超过一级，具有变化的趋势
Ⅲ	$3 < F \leqslant 6$	管段缺陷严重，结构状况受到影响
Ⅳ	$F > 6$	管段存在重大缺陷，损坏严重或即将导致破坏

管段结构性缺陷类型评估　　　　　　　　　　　　表 4.1-7

缺陷密度 S_M	< 0.1	$0.1 \sim 0.5$	> 0.5
管段结构性缺陷类型	局部缺陷	部分或整体缺陷	整体缺陷

5）管段修复指数计算

管段的修复指数（RI）是在确定管段本体结构缺陷等级后，再综合管道重要性与环境因素，表示管段修复紧迫性的指标。修复指数按照下式计算，根据计算结果可将管段修复等级划分为Ⅰ、Ⅱ、Ⅲ、Ⅳ四个等级（表 4.1-8），为修复提供建议。

$$RI = 0.7F + 0.1K + 0.05E + 0.15T \quad\quad\quad (4.1\text{-}13)$$

式中 RI——管段修复指数；

K——地区重要性参数，可按照现行行业标准《城镇排水管道检测与评估技术规程》CJJ 181—2012 中表8.3.4-1 的规定确定；

E——管道重要性参数，可按照现行行业标准《城镇排水管道检测与评估技术规程》CJJ 181—2012 中表8.3.4-2 的规定确定；

T——土质影响参数，可按照现行行业标准《城镇排水管道检测与评估技术规程》CJJ 181—2012 中表8.3.4-3 的规定确定。

管段修复等级划分 表 4.1-8

等级	修复指数 RI	修复建议及说明
Ⅰ	$RI \leqslant 1$	结构条件基本完好，不修复
Ⅱ	$1 < RI \leqslant 4$	结构在短期内不会发生破坏现象，但应做修复计划
Ⅲ	$4 < RI \leqslant 7$	结构在短期内可能会发生破坏，应尽快修复
Ⅳ	$RI > 7$	结构已经发生或即将发生破坏，应立即修复

（2）功能性缺陷

1）缺陷类型与缺陷分值

管道缺陷功能性缺陷主要包括沉积、结垢、障碍物、树根、残墙、坝头、浮渣，雨污水混接，水位和水流等，根据缺陷程度不同，按照现行行业标准《城镇排水管道检测与评估技术规程》CJJ 181—2012 中表8.2.4 对不同类型功能性缺陷进行赋值，得到不同类型功能性缺陷分值（P_j）。

2）运行状况参数和功能性缺陷密度计算

管段运行状况参数（Y、Y_{max}）是缺陷分值的计算结果，Y 是管段各缺陷分值的算术平均值，Y_{max} 是管段各缺陷分值中的最高分，按下列公式计算。

$$Y = \frac{1}{m}\left(\sum_{j_1=1}^{m_1} P_{j_1} + \beta\sum_{j_2=1}^{m_2} P_{j_2}\right) \tag{4.1-14}$$

$$Y_{max} = \max\{P_i\} \tag{4.1-15}$$

$$m = m_1 + m_2 \tag{4.1-16}$$

式中 m——管段的功能性缺陷数量；

m_1——纵向净距大于1.5m 的缺陷数量；

m_2——纵向净距大于1.0m 且不大于1.5m 的缺陷数量；

P_{j_1}——纵向净距大于1.5m 的缺陷分值，按现行行业标准《城镇排水管道检测与评估技术规程》CJJ 181—2012 中表8.2.4 取值；

P_{j_2}——纵向净距大于1.0m 且不大于1.5m 的缺陷分值，按现行行业标准《城镇排水管道检测与评估技术规程》CJJ 181—2012 中表 8.2.4 取值；

β——功能性缺陷影响系数，与缺陷间距有关，当缺陷的纵向净距大于 1.0m 且不大于 1.5m 时，$\beta=1.1$。

管段功能性缺陷密度（Y_M）是管段平均缺陷值 Y 对应的缺陷总长度占管段长度的比值，按式（4.1-17）进行计算。

$$Y_M = \frac{1}{YL}\left(\sum_{j_1=1}^{m_1} P_{j_1} L_{j_1} + \beta\sum_{j_2=1}^{m_2} P_{j_2} L_{j_2}\right) \tag{4.1-17}$$

式中　Y_M——管段功能性缺陷密度；

　　　L——管段长度，m；

　　　L_{j_1}——纵向净距大于 1.5m 的功能性缺陷长度，m；

　　　L_{j_2}——纵向净距大于 1.0m 且不大于 1.5m 的功能性缺陷长度，m。

3）管段功能性缺陷参数计算

管段功能性缺陷参数 G 的确定，按下列公式计算。

$$当 Y_{max} \geqslant Y 时, G = Y_{max} \tag{4.1-18}$$

$$当 Y_{max} < Y 时, G = Y \tag{4.1-19}$$

4）功能性缺陷等级和类型划分

根据管段结构性缺陷参数 G 的数值按照表 4.1-9 进行缺陷等级划分，按缺陷严重程度共Ⅰ、Ⅱ、Ⅲ、Ⅳ四个等级。根据管段功能性缺陷密度（Y_M）的计算数值按照表 4.1-10 进行管段功能性缺陷类型评估，可分为局部缺陷、部分或整体缺陷、整体缺陷三种类型。

功能性缺陷等级　　　　　　　　　　　　　　　　　　表 4.1-9

等级	缺陷参数	运行情况说明
Ⅰ	$G\leqslant1$	无或有轻微影响，管道运行基本不受影响
Ⅱ	$1<G\leqslant3$	管道过流有一定的受阻，运行影响不大
Ⅲ	$3<G\leqslant6$	管道过流受阻比较严重，运行受到明显影响
Ⅳ	$G>6$	管道过流受阻很严重，即将或已经导致运行瘫痪

管段功能性缺陷类型评估　　　　　　　　　　　　　　表 4.1-10

缺陷密度 Y_M	<0.1	$0.1\sim0.5$	>0.5
管段结构性缺陷类型	局部缺陷	部分或整体缺陷	整体缺陷

5）管段养护指数计算

管段的养护指数（MI）是在确定管段功能性缺陷等级后，再综合考虑管道重要性与环境因素，表示管段养护紧迫性的指标。养护指数按照下式计算，根据计算结果可将管段养护等级划分为Ⅰ、Ⅱ、Ⅲ、Ⅳ四个等级（表 4.1-11），为养护提供建议。

$$MI = 0.8G + 0.15K + 0.05E \qquad (4.1\text{-}20)$$

式中　MI——管段养护指数；

　　　K——地区重要性参数，可按照现行行业标准《城镇排水管道检测与评估技术规程》CJJ 181—2012 中表 8.3.4-1 的规定确定；

　　　E——管道重要性参数，可按照现行行业标准《城镇排水管道检测与评估技术规程》CJJ 181—2012 中表 8.3.4-2 的规定确定。

管段修复等级划分　　　　　　　　　　　　　　　　表 4.1-11

养护等级	养护指数 MI	养护建议及说明
Ⅰ	$MI \leqslant 1$	没有明显需要处理的缺陷
Ⅱ	$1 < MI \leqslant 4$	没有立即进行处理的必要，但宜安排处理计划
Ⅲ	$4 < MI \leqslant 7$	根据基础数据进行全面的考虑，应尽快处理
Ⅳ	$MI > 7$	输水功能受到严重影响，应立即进行处理

3. 检查井缺陷程度

检查井是管道接入和改变高程、坡度、管径、方向的衔接位置，为管道运行情况检查和疏通提供操作空间。检查井是管道检测的出入口，在进行管道检测前，应先对检查井进行检查。检测前需排干检查井内积水、清理淤泥。检查井检测应包括井内所有可见部分。

检查井缺陷内容按表 4.1-12 确定。

检查井缺陷内容[15]　　　　　　　　　　　　　　　　表 4.1-12

缺陷名称	缺陷定义
破裂	井壁出现裂缝
渗漏	井壁裂缝或与井相连的管道接口处向井内漏水
错口	井壁与管道连接处环向圆心偏离
脱节	井壁与管道连接处纵向脱离
井基脱开	井基与井身脱开
异物侵入	非排水设施的物体穿透井壁进入检查井内部空间
流槽破损	井底流槽破损
腐蚀	井壁腐蚀及材料脱落
井盖凹凸	盖框整体和地面间的凸出或凹陷超限
井框破损	井框开裂等情形

缺陷名称	缺陷定义
井盖破损	井盖裂开、透空、缺损等情形
爬梯缺损	爬梯松动、锈蚀或缺损
埋没	井盖被路面材料、绿化植物以及构筑物等覆盖
下沉	整座整体下沉，有时表现为井盖凹凸和错口

检查井结构性缺陷总体分值应根据表 4.1-13 确定检查井每一个结构性缺陷分值，再按下式计算总体分值。依据 N 值大小按表 4.1-14 进行等级确定和评价，并提出检查井修复建议。

$$N = \max(S_1, S_2, S_3, \cdots, S_n) \qquad (4.1\text{-}21)$$

式中　　N——检查井结构性缺陷总体分值；

$S_1, \cdots, S_n$——第 1 至第 n 个结构性缺陷的分值，查表 4.1-13 获得。

检查井结构性缺陷分值表[15]　　　　表 4.1-13

缺陷名称	等级	描述	特征或指标	分值 S
破裂	1	裂纹：井体表面龟裂，但结构完好	单向	1
	2	裂口：明显裂缝，井体构件无明显移位	单向	3
	3	破碎：明显裂口，且井体构件产生明显移位	复合向	7
	4	坍塌：井身垮塌或整体结构变形	复合向	10
渗漏	1	渗水：井壁上有明显水印，未见水流出	湿润	1
	2	滴漏：有少量水流出，但不连续	线状	3
	3	线漏：少量连续流出	少量有压	5
	4	涌漏：大量涌出	大量有压	8
错口	1	轻度：错口距离较小，少于井壁厚度 1/2	0.5 倍	3
	2	中度：错口距离较大，接近 1 个井壁厚度	0.5～1.0 倍	5
	3	重度：错口距离很大，产生空间距离接近 2 个井壁厚度	1.0～2.0 倍	8
	4	严重：错位距离非常大	2.0 倍以上	9
脱节	1	轻度：脱开距离较小，少于井身厚度 1/2	0.5 倍	3
	2	中度：脱开距离较大，接近 1 个井身厚度	0.5～1.0 倍	5
	3	重度：脱开距离很大，产生空间距离接近两个井身厚度	1.0～2.0 倍	8
	4	严重：脱开距离超过 2 个井身厚度	2.0 倍以上	9
井基脱开	1	轻度：有明显裂纹，但无地下水或土体流失	裂纹	1
	2	中度：有明显裂口，有地下水或土体流失	裂口	8
	3	重度：从脱开的缝隙处可见周边土体，或土体大量进入	结构严重分离	10
异物侵入	1	轻度：异物对井的横截面和过水断面都无明显影响	不影响养护作业	1
	2	中度：异物对井的横截面有影响，但对过水断面无明显影响	影响养护作业	3
	3	重度：异物对井的横截面有影响，且对过水断面有明显影响	断面损失≤10%	6
	4	严重：异物对井的横截面有影响，且对过水断面有严重影响	断面损失>10%	8

缺陷名称	等级	描述	特征或指标	分值 S
流槽破损	1	裂纹：没有明显缝隙，槽体结构完好	单向	1
	2	裂口：缝隙处能看到空间，槽体未明显移位	单向	2
	3	破碎：单处或多处裂口，且槽体产生明显移位	复合向	5
	4	坍塌：槽体垮塌或整体结构变形	复合向	7
腐蚀	1	轻微：表面形成凹凸面，抹面材料未见剥落	—	1
	2	中度：抹面材料脱落，但井身主体结构材料未见剥落	—	3
	3	重度：井身主体材料小面积剥落，结构强度明显降低	<25%	6
	4	严重：井身主体材料大面积剥落	>25%	7
井盖凹凸	1	高差不超限：路面井小于 5mm，非路面井小于 20mm	≤5mm，≤20mm	0
	2	高差超限：路面井大于 5mm，非路面井大于 20mm	>5mm，>20mm	5
井框破损	1	井框轮廓完整，表面有裂纹，能完全固定井盖	—	1
	2	破损部分小于等于井框周长的 10%	≤10%	2
	3	破损部分大于井框周长的 10%	>10%	4
井盖破损	1	井盖轮廓完整，表面有裂纹，不影响承重	—	1
	2	破损呈面状，不超过整个井盖面积的 10%	≤10%	5
	3	破损呈面状，超过整个井盖面积的 10%	>10%	8

注：表中数据来自上海市地方标准《排水管道电视和声纳检测评估技术规程》DB31/T 444—2022[15]。

检查井结构性状况评定和修复建议　　　　表 4.1-14

	一级	二级	三级
检查井结构性缺陷总体分值	$N<4$（1 级）	$4≤N<7$（2 级）	$N≥7$（3 级）
结构状况评价	无或有少量损坏，结构状况总体较好	有较多损坏或个别处出现中等或严重的缺陷，结构状况总体一般	大部分检查井结构已损坏或个别处出现重大缺陷，检查井功能基本丧失
检查井修复建议	不修复或局部修复	尽快安排局部修复	立即修复

注：表中数据来自上海市地方标准《排水管道电视和声纳检测评估技术规程》DB31/T 444—2022[15]。

4.2　分流制污水管网改造

分流制污水管网改造包括雨污混接改造和污水管网修复。基于系统改造方案，针对市政污水管网不同设施的改造需求，选取适宜的改造和修复技术，相关改造技术应符合现行国家标准《城乡排水工程项目规范》GB 55027—2022 和《室外排水设计标准》GB 50014—2021 的有关规定。

4.2.1　雨污混接改造

市政雨污混接改造包括分流制雨污混接（即"系统内混接"）改造、合流制排水系统与分流制排水系统混接（即"系统间混接"）改造、污水支管缺失或能力不足（即"管网空白区"）造成的混接改造3种。

1. 分流制雨污混接改造

当分流制雨污混接程度不低于3级，建议立即对混接区域进行改造，以污水排水分区为单元，从上游支管或源头开始实施。当分流制区域雨污混接程度低于3级时，根据现状建设条件、混接对污水处理厂或受纳水体的影响程度等，结合区域近期计划实施的道路改扩建等工程项目，制定雨污混接改造计划，以同步实施。对污水管网改造中临时设置的截流设施，应随雨污混接改造一并拆除，避免再次产生雨污混接现象。

排水分区内因私接或乱接而引起的雨污混接问题，可按单个混接点进行混接程度判定。当单个混接点或混接源雨污混接程度不低于3级时，应立即实施改造，低于3级时，宜结合近期计划实施的道路改扩建等工程项目，制定计划、及时实施。改造前，应计算雨污水量、核算下游排水能力、确定管位标高，经核算满足改接条件时，再将混接管道改接至正确的雨水和污水系统。当部分管道需要废弃时，应填实或挖除处理；当检查井需要废弃时，应挖除处理。

2. 合流制排水系统与分流制排水系统混接改造

当上游合流污水接入下游分流制雨污水管道，且下游分流制污水系统能够满足上游合流污水接入要求时，应在接入下游污水系统前设置截流井或截流泵，截流倍数应符合现行国家标准《室外排水设计标准》GB 50014—2021的有关规定，截流污水接入位置可设在合流制和分流制系统边界处。截流污水接入下游污水管道，溢流雨水接入下游雨水管道。

当上游分流制污水接入下游合流管道时，应在合理划分污水排水分区、计算污水量、核算下游合流制污水系统输送和处理能力、确定管位标高基础上，选取合适的接入点，新建污水管道，将混接污水管道改接至正确的污水系统，废弃管道应填实或挖除。

3. 污水支管缺失或能力不足造成的混接改造

对于因市政污水管道建设存在缺失或排水能力不足等问题而引起的混接，根据污水处理、雨水排水、道路交通等相关专项规划要求，在合理划分污水排水分区、计算污水量、核算下游污水系统排水能力、确定管位标高等基础上，补充新建污水管道，并将源头混接的污水管改接至新建的市政污水管。

新建污水管的最小管径和相应最小设计坡度、设计充满度下的最小设计流速、管道材质、管顶最小覆土深度等设计参数，应符合现行国家标准《室外排水设计标准》GB 50014—2021 的有关规定。新建污水管应保证沿途现状所有的接入点、小区及排水单元排出污水能顺利接入，且能够满足汇入干管的高程要求；在此基础上，应充分利用地形条件，减少管道埋深，降低工程造价。当新建污水管穿越现状河道或沟渠时，应从底部穿过。

4.2.2　污水管网修复

当污水管道和检查井等附属构筑物，因管道淤积、坡度不足、结构损坏等问题，不能保障污水封闭、有效输送时，应及时进行污水管网修复改造。当污水管道修复等级（RI）达到Ⅲ级时应尽快修复、达到Ⅳ级时应立即修复。当检查井修复等级（M）达到二级时应尽快修复、达到三级时应立即修复。

1. 污水管道修复

污水管道修复包括开挖修复和非开挖修复。根据现状问题、实施条件和经济性等因素，可按下列原则选取修复技术：（1）管道出现逆坡时，采用开挖修复以满足系统高程要求；（2）管道管径偏小不能满足污水输送要求时，采用开挖修复或裂管法（属于非开挖修复技术）进行改造；（3）管道上部设有建（构）筑物、上部为新建道路、敷设于交通繁忙或环境敏感地区时，宜选用非开挖修复；（4）根据第 4.1.3 节判定为整体缺陷时，管道应进行整体修复，经技术经济比较后选取开挖修复或非开挖修复；（5）根据第 4.1.3 节判定为局部缺陷时，管道应进行局部修复，宜采用非开挖修复。

开挖修复的效果较为彻底。管道材质和施工质量决定了开挖修复效果。管道材质应满足强度高、抗腐蚀、内壁光滑、原料易得等要求。施工应符合现行国家标准《给水排水管道工程施工及验收规范》GB 50268—2008 的有关规定，保障管道基础和回填的施工质量。

非开挖修复能够保障工程周围管线、建（构）筑物安全，可最大化地减少对周边环境和交通的影响，已逐渐成为管道修复的主要方式。根据修复材料、修复方式（固化、喷涂、内衬）、可修复范围等因素，修复工艺主要包括：点状原位固化、不锈钢双胀环、不锈钢快速锁、原位固化（热水、紫外光）、管片拼装内衬、螺旋缠绕内衬、短管内衬、无机防腐砂浆喷涂、碎裂管法。上述工艺在具体应用过程中，可根据管道管径、管材、断面类型、缺陷类型和等级、施工场地条件、临时排水条件等因素进行选择。常见管道非开挖修复工艺的适用范围和特点见表 4.2-1。

常见管道非开挖修复工艺的适用范围和特点

表 4.2-1

工艺名称	适用管径 (mm)	适用管材	适用范围	内衬管材质	是否需要工作坑	是否需要注浆	最大允许转角	是否可带水修复	局部或整体修复
点状原位固化	300～1200	不限	圆形管道	玻璃纤维、常温树脂	否	否	—	否	局部
不锈钢双胀环	≥800	不限	圆形管道	不锈钢	否	否	—	是	局部
不锈钢快速锁	300～1800	不限	圆形管道	不锈钢	否	否	—	是	局部
热水原位固化	300～1800	不限	圆形、蛋形、矩形管道；检查井	聚酯纤维毡、热固性树脂	否	否	45°	否	整体
紫外光原位固化	150～1800	不限	圆形、蛋形、矩形管道；贴片法可用于检查井	玻璃纤维、光固性树脂	否	否	45°	否	整体
管片拼装内衬	800～4000	不限	圆形、蛋形、马蹄形管道；检查井	PVC	否	是	15°	是	整体
螺旋缠绕内衬	300～4000	不限	圆形、矩形管道	PVC-U	否	是	15°	是	整体
短管内衬	800～3000	不限	圆形、矩形管道；检查井	PE	是	是	—	是	整体
无机防腐砂浆喷涂	≥300	混凝土、钢筋混凝土、钢管	圆形、蛋形、矩形管道、检查井、污水池、泵房	铝酸盐无机防腐砂浆	否	否	—	否	整体
碎裂管法	100～1200	大部分管材	圆形管道	HDPE、金属	是	是	—	否	整体

2. 检查井修复

检查井既要承担周围土体、外部交通负荷和地下静水的压力，又要面临污水和有毒有害气体的侵蚀，周边环境条件较差，容易引发结构缺陷，出现污水渗漏，需及时进行修复。修复方式包括开挖修复和非开挖修复。

随着养护技术的发展，管道检测、清淤和修复的服务距离增大，现行国家标准《室外排水设计标准》GB 50014—2021 适当提高了检查井的最大间距。当检查井修复等级达到三级（表 4.1-14）时，首先应校核上下游检查井的间距，如符合表 4.3-3 中提出的直线段最大间距要求且无污水支管接入，应直接挖除该检查井，并补充建设污水管道，保证污水封闭输送。

非开挖修复适用于结构修复等级低于三级的检查井（表 4.1-14）。目前，常用的修复工艺包括紫外光原位固化、玻璃纤维整体贴片、热水原位固化、螺旋缠绕内衬和无机防腐砂浆喷涂，各工艺的适用范围和特点见表 4.2-2。

常见检查井非开挖修复工艺的适用范围和特点　　　　　　　　　　　　表 4.2-2

工艺名称	适用检查井形式	内衬材质	是否需要注浆堵漏	是否可带水修复	是否需要预制	复杂程度	环境友好性	成本
紫外光原位固化	不限	玻璃纤维＋光固性树脂	是	否	否	复杂	一般	较高
玻璃纤维整体贴片	不限	玻璃纤维聚合物	是	否	否	复杂	一般	较高
热水原位固化	形状规则检查井	聚酯纤维毡＋热固性树脂	是	否	是	复杂	一般	较高
螺旋缠绕内衬	不限	PVC-U	是	是	否	复杂	一般	较高
无机防腐砂浆喷涂	不限	铝酸盐无机防腐复合砂浆	是	否	否	一般	较好	一般

4.3　合流制污水管网改造

合流制污水管网应根据规划排水体制合理确定改造方向，包括合流制保留和合流制改为分流制。合流制保留情况下，合流污水管网改造包括完善截流设施和合流管道修复；合流制改为分流制情况下，主要工作为合流管道分流改造。其中，合流管道修复可参照第 4.2.2 节的有关内容进行。修复和改造后的合流管道和附属构筑物应按现行国家标准《给水排水管道工程施工及验收规范》GB 50268—2008 的有关规定进行闭水试验。

4.3.1　截流设施完善

基于我国的国情和各城市的现状，除一些新兴城市外，在实施污水改造时很难做到全区域快速、完全的雨污分流，为控制溢流污染，需完善截流设施。

截流设施主要服务于下列 3 种情况：

（1）系统间混接：合流污水接入分流雨污水管道，通过上游设置截流设施的方式，将旱天污水和受污染雨水径流送入下游污水管道，溢流雨水送入下游雨水管道。该场景也适用于目前各大城市面临的城中村改造问题，通过环村围截的方式能够有效控制城中村的污染物外溢。

（2）合流制排水系统改为分流制的过渡期设施，与系统间混接类似，建议将截流设施设置在管网上游或者中游。

（3）既有合流制保留，部分老城区的合流制因各种原因暂不能实施分流制改造时，为避免溢流污染影响受纳水体水质，在末端设置截流设施。

在上述情况下，完善截流设施的方式具有可操作性强、投资少、见效快、施工方便、对附近居民影响小等优点。截流倍数、截流设施位置、截流井溢流水位等设计参数应按现行国家标准《室外排水设计标准》GB 50014—2021 的有关规定确定。当下游污水系统不能满足上游截流流量条件时，需进行扩建，避免造成污水冒溢。

重力截流和水泵截流是目前常用的两种截流方式。

重力截流是利用截流井将截流的污水通过重力排入截流管和下游污水系统。作为一种较为经济的截流方式，在我国大部分地区，当合流制排水系统雨水为自排时，一般采用重力截流。目前，常用的截流井有槽式、堰式和槽堰结合式。槽式截流井的截流效果好，对管道排水能力影响小，应用最为广泛；但槽式截流井对上下游管道高程或下游水体水位要求高，当高程不能满足排水要求时，可选用槽堰结合式。当选用堰式或槽堰结合式时，堰高和堰长应进行水力计算后确定，以避免在暴雨期间影响雨水排放。

随着我国水环境治理力度的加大，对截流设施定量控制的要求越来越高，有条件的地区大多采用水泵截流的方式，截流水泵可设置在合流污水泵站集水池内，也可设置在截流井中。水泵截流方式定量控制能力高，并且结合液位计等传感器，可以实现截流系统的精确运行，在保障旱天污水全部截流的同时，也可有效避免重力截流在下游水位较高时使得上游污水受顶托而直接溢流进入河道。对于有条件的地区，或者关键截流设施改造节点，建议采用水泵截流。

4.3.2　合流管道分流改造

当规划排水体制要求市政排水系统由合流制改为分流制时，可进行合流管道分流改造。

合流管道设计规模通常与服务区域雨水收集规模相当，远大于服务区域污水收集规模，附带建有道路雨水口，排放末端多为临近的河道。同时，由于采用分散排放，合流管道埋深较浅。如将合流管道改为污水管道，标高上难以保证上下游有效衔接。因此，结合以往改造经验，建议将合流管道改为雨水管道，以污水专项规划为依据，新建污水管道，在管径和标高上要保证上下游有效衔接。当地方不具备新建污水管道条件，且合流管道严密性满足污水输送要求、坡度能够满足自清流速要求时，可将合流管道改为污水管道，并新建雨水管道。

在确定市政合流管道可整体保留用做雨水管道后，施工需与区域内污水截流相互协调配合。在铺设新的污水管道时，应采取保护措施，避免破坏原有合流管道。

现状雨水设计流量按下式核算后，校核既有合流管道的输送能力。

$$Q_s = q\psi F \tag{4.3-1}$$

式中　Q_s——雨水设计流量，L/s；

　　　q——设计暴雨强度，L/（hm²·s）；

　　　ψ——综合径流系数；

　　　F——汇水面积，hm²。

污水管道的旱季设计流量按下式计算。

$$Q_{dr} = KQ_d + K'Q_m + Q_u \tag{4.3-2}$$

式中　Q_{dr}——旱季设计流量，L/s；

　　　K——综合生活污水量变化系数；

　　　Q_d——设计综合生活污水量，L/s；

　　　K'——工业废水量变化系数；

　　　Q_m——设计工业废水量，L/s；

　　　Q_u——入渗地下水量，L/s，在地下水位较高地区，应予以考虑。

综合生活污水定额应根据当地采用的用水定额，结合建筑内部给水排水设施水平确定，可按当地相关用水定额的 90% 采用。综合生活污水量变化系数可根据当地实际综合生活污水量变化资料确定。无测定资料时，新建项目可按表 4.3-1 的规定取值；改、扩建项目可根据实际条件，经实际流量分析后确定，也可按表 4.3-1 的规定，分期扩建。

综合生活污水量变化系数   表 4.3-1

平均日流量（L/s）	5	15	40	70	100	200	500	≥1000
变化系数	2.7	2.4	2.1	2.0	1.9	1.8	1.6	1.5

注：当污水平均日流量为中间数值时，变化系数可用内插法求得。

重力流污水管道应按非满流设计，其最大设计充满度如表 4.3-2 所示。

污水管道的最大设计充满度   表 4.3-2

管径（mm）	最大设计充满度
200～300	0.55
350～450	0.65
500～900	0.70
≥1000	0.75

市政污水管道的最小设计流速（自清流速）在设计充满度下应为 0.6m/s；最大设计流速金属管道宜为 10.0m/s；非金属管道宜为 5.0m/s，经试验验证可适当提高。市政污水管道材质一般有混凝土、钢筋混凝土、球墨铸铁、塑料等，并做好防腐措施。市政污水管道最小管径宜取 DN300，对应最小设计坡度为 0.003。管顶最小覆土深度应根据管材强度、外部荷载、土壤冰冻深度和土壤性质等条件，结合当地管道铺设经验确定：人行道下宜为 0.6m，车行道下宜为 0.7m。管顶最大覆土深度超过相应管材承受规定值或最小覆土深度小于规定值时，应采用结构加强管材或采用结构加强措施。

检查井宜采用钢筋混凝土成品井，其位置应充分考虑成品管节的长度，检查井在直线管段的最大间距应根据疏通方法等的具体情况确定，在不影响小区及排水单元接入市政污水管道的前提下，宜按表 4.3-3 的规定取值。无法实施机械养护的区域，检查井的间距不宜大于 40m。

检查井在直线段的最大间距   表 4.3-3

管径（mm）	300～600	700～1000	1100～1500	1600～2000
最大间距（m）	75	100	150	200

4.4　运　行　维　护

市政污水管网改造完成后，应加强日常巡查和运行维护，及时发现并解决管网出现的问题。同时，应制定日常管理制度，构建污水管网运行评价指标体系，提升对污水管网的运行管理能力。在管网运行绩效评价体系方面，国际水协会（International Water Association，IWA）在 2005 年制定了一套排水行业绩效评价指标体系，涵盖了环境、人事、实物资产、运行、服务质量和经济与财务指标六大类；其中，运行指标可用于评价污水收集和处理设施运行维护的绩效水平[16]。随后，中国城镇供水排水协会在 2022 年发布了团体标准《城镇排水管网系统化运行与质量评价标准》T/CUWA 40053—2022，规定了城镇排水管网运行技术要求和质量考核评价要求，从运营效果、客户服务、运行维护、规划建设四个方面提出了旱天城镇污水收集率、污水进厂浓度达标率、管渠污泥处理率、雨天污染控制达标率等 16 项指标[17]。

4.4.1　巡查

市政污水管网日常巡查应符合现行行业标准《城镇排水管道检测与评估技术规程》CJJ 181—2012[8]、《城镇排水管渠与泵站运行、维护及安全技术规程》CJJ 68—2016[10]、《城镇排水管道维护安全技术规程》CJJ 6—2009[18] 的有关规定执行。

日常巡查包括下列内容：

（1）污水管道和雨水管渠日常巡查内容包括：私自接管，存在违章占压、排放或塌陷，雨水渠道淤积和保护范围内施工；

（2）检查井日常巡查内容包括：雨污水冒溢，井盖破损、缺失或标识错误，井框变形、破损或被埋没，井盖和井框之间存在凸出、凹陷、跳动和有声响，井盖圈围和周边道路路面有裂缝和破损，防坠落装置缺失；

（3）雨水口日常巡查内容包括：道路积水，雨水口缺失或破损，雨水箅子堵塞或破损，散发异味和倾倒垃圾；

（4）排放口日常巡查内容包括：异常排水，存在堆物、搭建、垃圾，封堵，淤积，散发异味和标识不清晰；

（5）排水单元的违法、违章排放事件，向雨水管渠、污水管道及其附属设施倾倒垃圾等异常或突发性事件。

日常巡查方式包括下列内容：

（1）一般采用机动车巡查、非机动车巡查、徒步巡查和视频监控巡查；其中，快速车行道下的排水设施采用机动车巡查；一般车行道和辅路下的排水设施采用非机动车巡查；机动车、非机动车均无法通行时采用徒步巡查；

（2）巡查时间分为日间巡查、夜间巡查。一般为日间巡查，当夜间施工会影响工地周边污水管道时，要增加夜间巡查；

（3）可利用卫星定位技术和基于影像识别的智能监控技术，建立数字化、智能化的巡查模式，辅助判定巡查轨迹，判断异常或突发问题；

（4）巡查过程中发现的问题要及时、准确、详细地记录在日志中，并保留影像资料。

日常巡查频次建议如下：

（1）巡查每周不应少于1次。具体的巡查周期根据所在地区重要性和设施重要性和运行情况确定。重要活动、节假日期间，可按保障要求提高巡查频次；

（2）重要污水排水分区或河道的排放口，建议每日巡查1次；已完成改造的污水排水分区或河道排放口，建议每周巡查1次；其他未完成改造的排放，建议每月巡查1次；

（3）设施保护范围内有施工作业时，巡查周期应结合施工进展情况动态调整，及时发现损害和影响管网运行的行为，并及时处置。

市政污水管网在日常巡查基础上，应定期进行检测和评估，以便能够及时地发现功能性和结构性缺陷，并根据评估结果进行维护保养、整改或更新，保障污水管道正常运行。功能性检测可结合管道养护质量检查、排水防涝安全检查等进行。结构性检测应由主管或养护单位制定计划逐年分区分片进行。检测周期根据管径大小、检测指标和实际需要确定。现行行业标准《城镇排水管渠与泵站运行、维护及安全技术规程》CJJ 68—2016提出，功能性检测的普查周期为1年至2年进行一次。结构性检测的普查周期应为5年至10年进行一次；流砂易发地区、湿陷黄土地区等地质结构不稳定地区的管道、管龄30年以上的管道和施工质量差的管道普查周期可适当缩短。

4.4.2 维护

管道淤积会直接影响管道输送能力，在污水管网改造后应加强污水管网维护，将淤积深度不超过管道直径1/8作为清淤预警值，纳入城镇污水管网的日常监管[12]；

并且，清掏出的管渠污泥应妥善处理处置。

1. 管道清淤

管道清淤和疏通方式包括：高压射流疏通、水力疏通、转杆/推杆疏通、强力抽吸清疏、绞车疏通、机器人疏通和人工疏通等。检查井清掏采用吸泥车、抓泥车等机械设备。疏通方式的选用要综合考虑造价、器械、管道环境和管道的功能性缺陷种类。上述疏通方式的适用范围见表 4.4-1。

高压射流疏通是采用高压射水装置对管道进行清通，也是目前国内比较常用的排水管道疏通养护方式。该方法对于管壁上的结垢、管道内的沉积、浮渣有较好的清通效果。在疏通难度较高的小口径支管和雨水连管的管道养护工作中，具有明显的技术优势。

水力疏通是通过提高上游水位，增加管道内水流量和流速来实现对管道冲洗的。该方法要求管道内流速达到 0.7m/s，但在城市污水管道的养护过程中往往难以实现；同时，该方法对水资源的消耗较大；因此，在污水管道清淤养护中较少采用，仅在部分具备条件的泵站出水段采用该方法。

转杆疏通和推杆疏通原理相似。转杆疏通采用旋转疏通杆的方式来清除管道内沉积物，小型转杆的动力来自人力，较大的转杆疏通机则由电动机或内燃机驱动，并要求井筒尺寸满足钻杆运行要求。推杆疏通是通过人力将竹片或钢条等工具推入管道内清除沉积物的方法，按推杆的不同，又分为竹片疏通或钢条疏通等，可有效应对管道结垢、沉积、树根、坝头等功能性缺陷。转杆和推杆疏通常用于小型污水管道。

强力抽吸疏通利用真空抽吸、气流裹挟作用进行管道清淤疏通作业，应用较为广泛的为强力吸污车，可用于不同管径的污水管道。

绞车疏通是采用绞车和滑轮架拉动通沟牛，将管道内的沉积、淤泥清理至检查井内，再通过对检查井内的清掏，实现对管道的疏通。绞车疏通对于垃圾和淤泥等沉积物的清理效果最好，是清淤养护的常用方法之一。

机器人疏通利用带有泥浆泵的管道机器人进行清淤疏通作业，由于自身尺寸较大，在小型管道的疏通中应用受限。

人工疏通适用于 DN1000 以上的大管径管道疏通，该方法效果较好，但需注意该方法的工作时间长、人力成本高、工作人员井下工作易带来安全隐患等问题。

实际养护过程中，污水支管和干管的管径差别大，管道内情况复杂，可采取高压射流疏通和绞车疏通组合方法。当管道内存在坝头、树根等固定障碍物时，高压射流疏通往往难以清理，需要先采用绞车疏通法切割和清理固定障碍物，再采用高压射流疏通法清理管道内淤泥，清理后的淤泥会沉积到下游污水检查井内，便于清掏。

不同疏通方式的适用范围[15] 表 4.4-1

设施划分		倒虹吸管	小型管道	中型管道	大型管道	特大管道
管径 D（mm）		—	$D<600$	$600 \leqslant D \leqslant 1000$	$1000<D \leqslant 1500$	$D>1500$
疏通方式	高压射流	√	√	√	○	—
	水力	○	√	√	√	√
	转杆和推杆	—	√	—	—	—
	强力抽吸	—	√	√	√	√
	绞车	√	√	√	○	—
	机器人	○	○	√	√	√
	人工	—	—	—	√	√

注："√"表示宜选方式；"○"表示可选方式。

2. 管渠污泥处理处置

管渠污泥具有产量较大、成分复杂、污染物含量高等特点，若处理处置不当则会对环境造成二次污染。因此，国家标准也提出，城镇污水管道疏通产生的管渠污泥应进行处理处置。

不同于污水处理厂污泥，管渠污泥有机含量低（约为 17.4%）、均质性差、杂质较多，难以与污水处理厂污泥协同处理。此外，管渠污泥固体中无机质占比约 80%，以硅、铝氧化物为主，经处理后可进行建材资源化利用。为实现管渠污泥减量化、无害化和资源化，一般会单独建立管渠污泥处理站对管渠污泥进行处理，将能够资源利用的无机质从大块杂质和有机组分中分离出来，其他杂质利用卫生填埋或焚烧等方式进行妥善处置。

多级筛分工艺是目前国内外最常见的管渠污泥处理工艺（图 4.4-1），在我国上海、北京、天津、武汉和广州等城市广泛应用，一般包括下列 4 个过程：

（1）一级分选。通过转鼓格栅、振动筛等分选设备分选出 10mm 以上粗大物料，其中石块可根据后续需要分选、破碎后进行制砖等建材利用；其他物质作为生活垃圾送入环卫处理系统。

（2）二级分选。通过粗砂分选机、振动筛等分选设备分选出粗砂。出料占比大约为 5%～15%，烧失量约为 3%～15%，含水率约为 9%～40%。对于有机烧失量较低（<3%）的细砂，可以直接作为低档建材回收利用，如烧结砖、免烧结砖、透水砖和

陶粒的制作，或作为硅酸盐制品的骨料用于管道基槽和沟槽回填。该过程产生的有机筛渣（粒径为 2～10mm）出料占比约为 2%～6%，含水率约为 60%～70%，可进行好氧堆肥或焚烧处理。

（3）筛分。通过滚筒格栅、圆振筛等筛分设备分离出栅渣。

（4）三级筛分。通过细砂旋分选器、振动筛等分选设备分选出细砂。出料占比约为 5%～15%，烧失量大约为 5%～20%，含水率约为 9%～40%，可用于制备道路三渣混合材料或与粗砂共同作为建材回收利用。

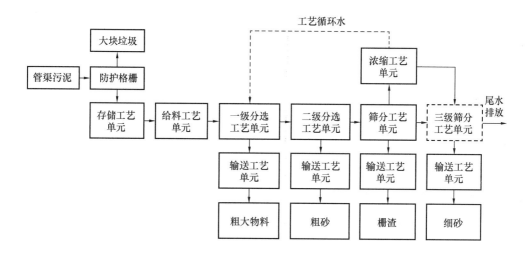

图 4.4-1　管渠污泥多级筛分处理工艺流程[19]

第5章 智慧排水

污水系统的智慧排水应坚持"源-网-厂"一体化、全过程、全生命周期运营管理机制，对"源-网-厂"全过程的污水收集和处理设施进行信息采集、管理、分析、模拟，实现小区及排水单元和市政污水管网的日常管理、运行风险预警处置、运行辅助决策。

5.1 系统化构建

污水系统上下游设施需紧密连接、互相配合，以长效保障污水系统功能和性能。当污水管网出现混接、漏损等问题时，不仅会影响到源头小区及排水单元的排水安全，还会影响到污水处理厂的进水水量和水质，降低污水处理厂运行效率，进而会影响污水再生处理和污泥处理处置设施的平稳运行。基于此，污水系统的智慧排水要坚持"源-网-厂"一体化的构建思路，综合考虑污水系统各个环节的实际需求，采用先进的信息化技术和智能化管理手段，实现对整个污水系统的全面管理和控制，恢复和提高污水系统的功能和性能。

智慧排水采用建筑信息模型（BIM）、地理信息系统（GIS）、物联网（IoT）、大数据等信息化技术，将污水系统的源端、网端和厂端有机结合在一起，实现污水系统的高效运行和智能管控。其次，为了能够及时地反馈污水管网、泵站和污水处理设施的新建、改建和扩建等信息，智慧排水系统要具有可扩展性和可持续性，以满足污水系统的升级改造需求。

5.2 数字化建设

5.2.1 基础数据资源库

基础数据资源库是一个基于数字化技术的平台，用于污水收集和处理设施的基础数据管理和可视化展示，能够帮助用户更好地理解和管理污水系统，提高工作效率和决策效果，为污水收集和处理设施相关规划、设计和运行管理提供支持。基础数据统计对象包括小区及排水单元、污水管网、污水泵站、污水处理厂等设施及其附属设备。

1. 构建原则

污水系统基础数据资源库的构建一般遵循下列原则：

（1）需要服务全局、统一规划，以确保数据资源库的完整性和可持续性，包括制定建设目标、确定建设方案、规划数据标准等。

（2）数据是基本数据资源库的基础。在采集、整理和加工数据的过程中，要采用科学的方法和手段，保证数据的真实性和可靠性。同时，对于数据的更新和维护，也要建立严格的制度和流程，确保数据的及时性和准确性。

（3）可视化展示是基础数据资源库的一个重要功能。在构建基础数据资源库时，需要充分利用三维建模和可视化等技术，将污水收集和处理设施的空间布局等数据以直观的方式呈现给用户，帮助用户更好地理解污水系统，提高决策效果和工作效率。

（4）构建基础数据资源库旨在支持排水系统的规划、设计和管理工作。在构建数据资源库时，需要充分了解用户的需求和习惯，根据用户的需求进行功能设计和界面设计，提高用户体验和满意度。

（5）随着城市的发展和污水系统的不断更新，基础数据资源库也需要不断扩展和完善。因此，在构建基础数据资源库时，需要考虑到未来的发展需求和技术趋势，确保基础数据资源库具有良好的可扩展性和灵活性，能够适应未来的变化和发展。

（6）基础数据资源库涉及大量的数据信息和敏感信息，因此需要建立完善的安全保障机制，要采取数据加密、访问控制、权限管理等安全措施，确保基本数据资源库的安全性和稳定性。

2. 构建技术

污水系统基础数据资源库的构建，需综合运用数字建模、三维可视化、地理信息系统（GIS）、数据存储和查询等技术。

数字建模是基础数据资源库的基础，建模对象包括污水管网、泵站、污水处理厂等设施的几何形态、尺寸、位置等信息。常见的数字建模软件包括 AutoCAD、Bentley 等。

三维可视化能够将数字模型升级转化为三维场景，使得污水管网、泵站、污水处理厂等设施能够进行可视化展示，以更加直观地展示污水系统的组成和运行情况。常见的三维可视化软件包括 3D Max、Maya 等。

GIS 技术可用于管理和展示污水收集和处理设施的空间信息。通过将污水收集和处理设施与地理信息相结合，可以更好地管理和查询设施数据，并实现数据的空间分析和可视化。

数据存储和查询用于管理污水收集和处理设施的数据信息。在建立数据库基础上，利用数据查询语言和工具，实现对设施数据的查询和分析。

3. 构建过程

为实现污水系统数据的规范化管理，基础数据资源库需通过定义统一的数据格式和标准，保证数据的准确性和一致性，提高数据质量和可靠性。

基础数据资源库需根据统一的数据格式和标准，完成对污水系统基础数据的分析、转换和存储，为数据资源库建立科学可靠的基础。处理对象包括污水收集和处理设施的位置、规格、设计参数等。

基础数据资源库可进一步利用三维可视化技术对上述基础数据进行转化，创建污水系统三维模型，以直观地展示污水收集和处理设施的位置和连接关系，帮助用户更好地理解污水系统的空间布局和运行方式。

基础数据资源库可根据设施的类型和功能进行分类、标识，包括污水管道、检查井、泵站、污水处理厂等，可帮助用户快速识别和定位特定的设施，提高工作效率。

基础数据资源库提供基础数据查询和分析功能，用户可根据特定的条件搜索和筛选设施数据，进行统计分析，有助于发现污水收集和处理设施问题和改进的空间，为决策提供支持。

基础数据资源库还需支持基础数据的共享和协作。通过共享数据和信息，协同进行污水系统的规划、设计和运行管理工作。

5.2.2　在线数据资源库

在线数据资源库是基于数字化技术的平台，与基础数据资源库注重基础数据不同，其主要目的是用于管理和监控污水系统的运行状态和性能。它通过集成各种传感器、数据采集设备、通信网络和数据处理技术，实现对污水系统数据的实时采集、传输、存储和分析。在线数据指在一定时间段内不断变化的数据，主要包括水质、水量、设备工况等监测数据，以及相关的监控视频等信息。

1. 构建原则

污水系统在线数据资源库的构建一般遵循下列原则：

（1）遵循针对性、科学性和经济性的原则，并符合相关政策法规、技术标准、规划设计和运行管理要求。

（2）涵盖污水系统的各个组成部分，包括污水管道、检查井、泵站、污水处理厂等，确保数据的完整性和准确性。

（3）对监测区域的管网布局、土地利用状况和设施现有问题等信息进行全面调研，科学合理地布置监测点。

（4）充分考虑城市污水管网分布特征，监测方案应尽量将监测点分散布置于城市不同类型的区域。

（5）采取在线监测和人工监测相结合的方式，保障在线监测设备的可靠性、稳定性和安全性。

2. 构建技术

在线数据资源库的构建需综合运用物联网、云计算、大数据等技术，进行污水收集和处理设施的数据采集、传输、存储、处理、可视化和智能分析，支撑污水系统的数字化管理和智能化决策。

数据采集是利用传感器、摄像头等设备，实时采集污水收集和处理设施的运行数据，包括水位、流量、水质等参数。

物联网技术为污水系统中的各种监测设备提供连接服务，并实现设备的远程监控和管理。通过物联网技术，可以将实时采集的各类在线监测数据，如水位、流量、水质等，传输至在线数据资源库进行处理和分析。

云计算技术能够提供弹性的计算和存储资源，根据需求动态扩展或缩减计算和存储资源，保障系统的稳定性和高效性；能够通过分布式计算和并行处理技术，快速处理大量数据，提高数据处理和分析的效率；提供数据分析工具和算法库，为污水系统的管理和决策提供智能支持；能够提供云端应用和协同工作平台，促进排水系统相关人员之间的协作和沟通。

大数据技术利用高性能的数据库和存储设备，实现对海量数据的存储和管理，保障数据的完整性和安全性。同时，大数据技术还可以用于对数据进行清洗、整合、分析和挖掘，提取有用的信息，为污水系统的管理和决策提供支持。

数据可视化能够将处理后的数据以图表、报表等形式进行可视化展示，以便用户更直观地了解污水系统的运行状态和变化趋势。

智能分析是利用人工智能和机器学习等技术，对污水系统的运行数据进行分析和预测，为日常管理、预警处置和辅助决策提供智能支持。

3. 构建过程

（1）物联监测方案

物联监测方案应包括项目背景概况，现状规划分析，监测目标，在线监测布点、监测设备选型，数据采集、传输和存储，设备安装、巡检和校验，数据分析和应用，投资估算，工作组织和实施计划等内容。

1）重点小区及排水单元

重点小区及排水单元应设置监测井，以监测排放的污水水量和水质；其中，水质指标应根据小区及排水单元类型酌情选取。

2）污水管网

污水管网的监测内容一般包括液位、流量、水质等。监测布点需根据所属区域的重要性、监测目标、管道复杂程度和经济性等因素确定。

按照易冒溢点、干管、泵站、合流泵站截流设施、调蓄池和污水处理厂关键节点的顺序开展，监测布点对象和监测内容可参照表 5.2-1 的内容。污水干管的闸门井应设置液位监测，宜设置流量、水质监测。污水干管的排气井宜设置液位监测，可设置流量监测。

服务于污水管道运行调度的监测布点对象和监测内容　　　　　表 5.2-1

监测对象	监测内容		
	液位	流量（流速）	水质（COD$_{Cr}$、氨氮）
易冒溢点	√	—	—
污水干管关键节点	√	○	—
污水泵站进水管	√	—	○
污水泵站出水管	√	√	
合流泵站截污设施出水管	√	√	○
污水调蓄池进水管	√	○	○
污水调蓄池出水管	√	√	
污水处理厂进水管	√	√	√

注：1. "√"表示应设相关监测，"○"表示宜设相关监测，"—"表示不设相关监测。本表所列仪表可安装在污水泵站、污水调蓄池、污水处理厂内。

2. 可根据实际需要选择监测 1 个及以上的指标。

监测点布设可根据区域重要程度、管道复杂程度和经济性等因素确定，布设密度可分为整体监测、分区监测和精细监测 3 个层级。整体监测层级的监测点位可按每 20km 至少 1 个布设；分区监测层级的监测点位可按每 10km 至少 1 个布设；精细监测层级的监测点位可按每 5km 至少 1 个布设；并需覆盖合流制排放口。其次，合流制排水系统优先布设于排水系统末端，分流制排水系统优先布设于污水泵站前或干管接入主干管处。

3）泵站

泵站设施自动化系统应采集水泵机组的运行状态、故障信号、电流、电压、电功率、机组配套变频器的运行状态参数等信号。泵站设置进出水流量监测设备、视频监控和安防设备，数据应能与智慧排水平台进行实时双向通信。

4）污水处理厂

污水处理厂各工艺单体应设置水质、水量等主要运行参数的在线监测设备，能够根据检测结果进行工艺控制。污水处理厂进水和出水口应设置流量、水位、水质监测设备。

（2）数据传输和存储

通过 3G/4G/5G、以太网等通信方式将前端物联设备的监测数据传输至数据资源库，实现设备和数据资源库的连通。MQTT（Message Queuing Telemetry Transport）是一种轻量级的消息协议，常用于连接低功耗和低带宽的设备，特别适用于污水管网等特殊环境。同时，数据资源库需要对采集到的原始数据进行格式化处理，去除异常值、噪声等，保障数据的准确性和可用性。

物联监测数据，相比于其他业务数据，具有数据量庞大、单条数据业务价值极低、数据有时间序列属性等特征，因此需要根据数据量、访问频率和存储需求，选择合适的存储设备，如关系型数据库、非关系型数据库、分布式文件系统等。随着污水系统数据量逐渐增长，可利用云计算技术动态扩展计算和存储资源，保障系统的稳定性和高效性。

（3）数据分析和应用

在线数据资源库可采用统计分析、时间序列分析、机器学习等分析方法对监测数据进行深入分析，包括：污水系统的运行状态、水质变化趋势、设备故障预测等。同时，能够将分析结果以图表、曲线、仪表板等形式进行可视化展示，帮助用户直观地了解污水系统的运行状况和问题。

通过分析监测数据的变化趋势和异常值，提前预警系统中的潜在风险，并及时采取措施避免事故发生。预警系统能够通过短信、邮件等方式向相关人员发送报警信息；分析系统中的瓶颈和效率问题，提出改进措施。例如，优化水泵的调度和流量控制，提高排水效率和节约能源；通过对数据综合分析和比较，为相关部门提供决策参考，实现系统的长期规划和管理。

5.3 智 慧 管 控

城市污水管网系统全生命周期管控应以加强常态化日常管理和提升应急处置能力为目标，一方面，通过强化日常管理工作，尽可能预先排查安全隐患，做到"防患于未然"，保障污水系统安全高效运行；另一方面，利用监测设备，通过预设风险场景和对应的处置措施，快速高效应对各类风险事件，保障人民群众生命财产安全。

基于"源-网-厂"一体化思路构建的智慧排水平台，应立足于上述基本和在线数据资源库，开发日常管理、风险预警、辅助决策等功能模块，以实现污水系统全生命周期管控目标。

5.3.1 污水系统日常管理

污水系统日常管理应遵循"源-网-厂"一体化思路，涵盖污水收集、转输和处理全过程，包括重点小区及排水单元、市政污水管网、泵站、污水处理厂等。

1. 小区及排水单元

小区及排水单元日常管理模块，应能够量化展示辖区内小区及排水单元的基础信息和排水许可证信息。同时，结合在线地图，可查看小区及排水单元的分布情况、属性和监测数据。主要包括下列内容：

（1）小区及排水单元基础信息统计，包括小区数量、排水单元数量、许可排水总量、重点排水单元、非重点排水单元；

（2）按行业统计重点排水单元的数量和许可排水总量；

（3）查看重点排水单元的用水总量和排水总量；

（4）显示排水许可证总数、逾期数量、即将逾期（距离到期日 30d 以内）数量。

2. 市政污水管网

市政污水管网日常管理模块，应以地图形式展示污水管道的分布情况和属性信息，并可对其运行状态进行实时监测、查询和统计分析，实现污水管网巡查和维护的在线管理。

日常管理模块应考虑管网养护单位和排水主管部门的工作需求。其中，管网养护单位应将定期养护计划上报平台，按计划执行后，将实施过程和结果反馈至平台进行记录。排水主管部门通过查阅平台信息对污水管网的养护情况进行定期考核。主要包括下列内容：

（1）管网基础信息，包括：管道长度、监测设备数量、流量计和液位计数量等；

（2）管网安装流量计和液位计设备的在线率和实时数据等；

（3）管网巡查和检测数据，包括：计划完成数据、已完成数据、完成率，可查看巡查记录和检测记录等；

（4）设施维护数据，包括：计划完成长度、已完成长度、完成率，可查看养护记录等；

（5）近 7d 管网报警统计数据和报警明细记录。

3. 泵站

日常管理模块用于对泵站运行情况进行展示和管理，主要包括以地图形式展示污水主干管、泵站的分布情况和属性信息、泵站服务范围等，展示泵站基础信息和列表数据、泵站的输送水量，实现污水泵站运行状态的实时监测、查询和统计分析等。结合污水泵站监测数据，实现泵站运行管理。污水泵站养护单位定期制定养护计划，并上报至平台。养护单位按计划执行，实施过程和结果反馈至平台进行记录。主管部门通过平台对污水泵站运维情况进行定期考核。主要包括下列内容：

（1）泵站基础信息统计，包括：泵站数量、总设计规模；可显示泵站列表，包括泵站名称、设计规模等信息；

（2）泵站的运行工况信息，包括：泵机运行情况、液位、输送水量和负荷率、水质；

（3）泵站养护内容、频次统计需要养护的泵站数量、完成数量、完成率，各泵站的运维养护记录；

（4）泵站近 7d 的报警总数和报警明细记录；

（5）结合在线地图可视化展示泵站信息，可查看泵站基础信息、流量液位数据、水质监测数据、泵机运行数据、养护记录、故障记录、运行报表。

4. 污水处理厂

污水处理厂日常管理模块主要用于查看和监管辖区内污水处理厂的运行情况，主要包括以地图形式展示辖区内污水处理厂位置、服务范围、进出水流量、水质实时监测等信息。展示辖区内各污水处理厂的基础信息、以年月日统计污水处理厂处理水量和负荷率、前一日平均出水水质和达标情况、水量平衡分析。主要包括以下内容：

（1）污水处理厂基础信息，按污水处理厂显示各自的设计规模、处理工艺、排放标准、近30d出水水质达标率（统计每天各个水质指标的达标情况，达标天数除以30）、近30d进水水量异常率（统计每天进水水量数据，与污水处理厂处理规模比较，差值正常天数除以30）；

（2）按日（近7d）、月（近6个月）、年（近6年）显示各个污水处理厂处理水量、负荷率；

（3）按污水处理厂显示进出水各个水质指标的前1日平均水质数据。

5.3.2 运行风险预警处置

运行风险预警处置以监测预警为目标，通过实时接入重点排水单元的污水排放监测（如有条件）、泵站运行工况、管网关键节点水量水质、污水处理厂进出水流量和水质等监测数据，实现对重点排水单元、管网、泵站、污水处理厂等实时运行数据的展示、设备状态的监测、实时超标报警的可视化管理等功能。结合污水管网拓扑关系、重点关注环节和核心业务体系等，建立污水运行风险的分级预警体系。通过对运行数据的采集、存储、监测分析或模型分析，逐步建立预警阈值体系；当预测为中低风险时，自动执行持续关注指令；当预测为高风险时，平台可自动发出预警或结合人工研判确定是否发出预警。主要包括下列内容：

（1）按排水单元水质超标（如有条件）、管网液位超高、泵站设备故障、污水处理厂出水水质超标等分类统计运行风险的数量；

（2）按低、中、高风险显示风险列表；

（3）地图撒点显示各个风险位置，点击风险点图标可查看风险详情。

平台应接入日常巡查、传感监测、公众上报等多途径的污水系统运行报警事件。针对报警事件，平台自动学习分析事件风险等级、可能的事件原因和解决方案。对于高风险事件，在线开展视频会商并进行讨论决策，发布调度指令。现场处置人员通过移动端上传事件处置的进程和照片、视频信息，提出联动处置需求。针对处置结果，进行在线反馈，最终完成报警事件处置整体流程，形成管理闭环。

5.3.3　污水系统运行辅助决策

污水系统运行辅助决策模块依托污水管网拓扑分析、运行数据分析、水量平衡分析和排水模型分析等技术手段，在提高处理效率、优化运营管理、降低成本、保障水质安全等方面展开。

通过建立知识库和预案库，可对比常规运行模式和不同优化调度预案的水位和流量变化情况，辅助污水系统运行调度。

通过分析预测旱天和不同降雨情景下的污水管网水位流量运行态势，实现对管网淤积堵塞、污水冒溢等污水系统运行风险的提前感知和预警。

通过对管网运行数据的实时监测和分析，快速定位故障点，为抢修工作提供决策支持，缩短故障影响时间；针对可能发生渗漏或破损的区域，开展预防性维护，降低管网破损风险；根据管网的运行历史数据，预测管道淤积的趋势，合理安排清淤计划，保障管网的正常运行。

附录 A 分流制污水系统化粪池设置研究

A.1 国外化粪池设置要求研究

A.1.1 国外化粪池设置要求

美国、英国和日本分别通过管道设备规范、建筑条例和建筑基本法，提出：设有市政污水管道的小区，建筑排放污水应直接连接到市政污水管道，不再设置化粪池（图 A.1-1）。

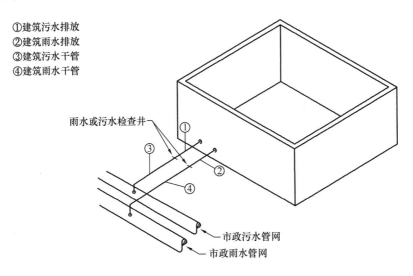

①建筑污水排放
②建筑雨水排放
③建筑污水干管
④建筑雨水干管

雨水或污水检查井

市政污水管网
市政雨水管网

图 A.1-1 美国管道设备规范中建筑雨污水排放示意图

其次，美国和英国分别在相关标准中，对不同管径对应的最小设计坡度提出了要求（表 A.1-1）。日本通过下水道设计指针提出，污水管道最小设计流速应为0.6m/s，最大设计流速应为3.0m/s。

不同管径对应的最小坡度要求　　　表 A.1-1

国家	管径	最小坡度
美国	$2\frac{1}{2}$英寸（63.5mm）及以下	0.02
	3～6英寸（76.2～152.4mm）	0.01
	8英寸（203.2mm）及以上	0.005
英国	DN75（峰值流量<1 L/s、峰值流量≥1L/s）	0.025、0.0125
	DN100（峰值流量<1 L/s、峰值流量≥1L/s）	0.025、0.0125
	DN150	0.006

注：DN100需至少连接1个厕所；DN150需至少连接5个厕所。

A.1.2　国外化粪池碳排放研究

国外研究学者根据 IPCC 提出的碳排放核算方法，以 2020 年统计数据为依据，对美国等国家非集中式污水处理系统（NSSS）和城镇污水处理厂的碳排放水平进行了比较，其中非集中式污水处理系统包括旱厕和化粪池。结果表明（表 A.1-2），美国 NSSS 的碳排放量已接近污水处理厂的碳排放量，加拿大 NSSS 的碳排放水平已超过污水处理厂碳排放量，阿根廷等 4 个国家 NSSS 的碳排放量分别占污水处理厂碳排放量的 53.5%～69.4%。

非集中式污水处理系统和城镇污水处理厂的碳排放水平比较　　表 A.1-2

国家	非集中式污水处理系统	污水处理厂	非集中式污水处理系统的碳排放占污水处理厂碳排放的比例	数据来源
美国	1290	1340	96.3%	USEPA（2020）[20]
加拿大	110	70	157.1%	Sahely et al.（2006）[21]
阿根廷	220	360	61.1%	Santalla et al.（2013）[22]
越南	1060	1710	62.0%	Hoa and Matsuoka（2015）[23]
尼日利亚	1140	2130	53.5%	UNFCCC（2021）[24]
波兰	250	360	69.4%	UNFCCC（2021）[25]

注：碳排放量单位：万 t CO_2 当量/年。

A.2　美国取消化粪池计划

化粪池由于使用年限过长、管理不佳等问题产生了诸多环境风险，引起了美国各地方的关注。据美国国家环境保护局（Environmental protection agency，EPA）统计，2010 年至少有 10%~20% 的化粪池已不能有效处理污水，濒临失效，部分洲市的居民也因此受到了蠕虫等病原微生物的感染。

2011 年，印第安纳州州府印第安纳波利斯开始实施取消化粪池计划（Septic tank elimination program，STEP），计划优先解决化粪池故障率在 30%~40% 的区域；新建污水管道、设置必要的污水泵站，以解决污水收集问题。截至 2015 年，该计划已完成了州内 12300 户的化粪池拆除。在取消化粪池的做法方面，印第安纳州公民能源集团（Citizen energy group）提供了下列 2 项改造技术：（1）化粪池停用后，原位填充沙子、砾石或其他材料进行密封，铺设污水管道接入市政污水管网；（2）通过低压输送系统（Low-pressure system，LPS）将污水泵送至市政污水管网（图 A.2-1）。同时，该州政府要求用户委托有资质的单位开展取消化粪池工作，清除的废物要送到污水处理厂进行处理和处置；原有废弃的设备或组件必须拆除和处置，含汞设备（例如泵浮子）必须在获得许可的危险废物处置设施中处置。

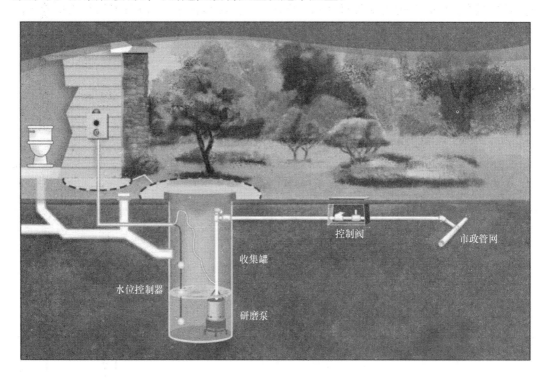

图 A.2-1 低压输送系统（LPS）示意图

2023 年，为了保护印第安河潟湖（India river lagoon，IRL）流域水质，经佛罗里达州众议院审议，计划投入 1 亿美元，实施取消化粪池、面源污染治理、污水处理效能提升等措施，削减入湖的氮磷污染。在取消化粪池方面，该州要求自 2024 年 1

月 1 日开始，有市政污水管网的区域，未经许可，不得新建化粪池系统；至 2030 年 6 月 1 日，现有化粪池系统需全部接入市政管网，或经审批后将化粪池系统升级改造为营养物强化去除系统（Enhanced nutrient-reducing onsite sewage treatment and disposal system，ENR-OSTDS）。当采用建筑物污水直接纳入市政污水管网时，佛罗里达州技术指引提出：污水管的管顶覆土厚度不宜小于 1 英尺（304.8mm）；管道坡度不宜小于 0.01；宜采用经过认证的 PVC 管材。当采用营养物强化去除系统（ENR-OSTDS）时，指引要求：单独采用营养物去除系统时，总氮去除率要达到 50% 以上；与化粪池联用时，总氮去除率要达到 65% 以上。营养物强化去除系统一般由好氧池＋活性填料过滤组成，处理后出水排放场地距离地下水季节性最高水位的距离不应小于 24 英寸（609.6mm）。

A.3　化粪池对污水水质的影响研究

污水在化粪池中经过长时间的停留，其中的易降解有机质会在池内被厌氧分解，生成小分子挥发酸、氨、二氧化碳、甲烷和硫化氢等，使得污水中 COD_{Cr} 和 BOD_5 进一步降低。为了进一步明确化粪池对污水处理水质影响，2017 年对 25 个设有化粪池的小区进行调研分析，分布在珠海、广州、深圳、大连、北京、杭州、合肥、昆明、厦门、石家庄、太原、无锡、武汉和天津共 14 个城市。本次分析指标包括 COD_{Cr}、BOD_5、SS、NH_4^+-N、TN、TP 六项（图 A.3-1）。调研显示，25 个小区化粪池对污

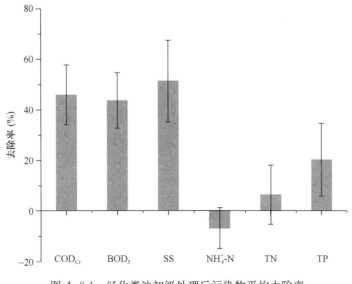

图 A.3-1　经化粪池初级处理后污染物平均去除率

水中 COD_{Cr}、BOD_5、SS、TN、TP 的平均削减率分别为 46.0％、43.7％、51.5％、-6.4％、20.4％，然而化粪池出水中 NH_4^+-N 较进水提升 6.76％，主要是源于污水中蛋白质的分解，这就加剧了城镇污水处理厂进水水质碳氮比失衡，污水处理厂为保障脱氮除磷效率而补充投加碳源，不仅增加了运行成本，也增加了间接碳排放量。

A.4　我国化粪池碳排放研究

化粪池的主要作用是利用沉淀和厌氧发酵，去除污水中悬浮的污染物，贮存在池底并进行厌氧发酵，污水进入化粪池后，经过长时间的沉淀，可去除 50％～60％的悬浮物。沉淀下来的污泥经过 3 个月以上的厌氧发酵分解，污泥中的有机物可分解成小分子挥发酸、CH_4 和硫化氢等。

污水在化粪池中发生有机物的厌氧消化而产生 CH_4，成为化粪池温室气体排放的主要来源。化粪池 CH_4 的排放量，可以根据《城镇水务系统碳核算与减排路径技术指南》第 5.4.2 节中公式（5-12）计算[26]。

根据编制组对全国化粪池进水水质测试结果，BOD_5 进水平均浓度基本接近现行国家标准《室外排水设计标准》GB 50014—2021 中设计水质的上限值 60g/（人·d）。经过计算，化粪池 CH_4 的人均碳排放强度为 168.89g CO_2/（人·d）。按照《中国城乡建设统计年鉴 2021》统计值，全国城区人口 45747.87 万人，则化粪池 CH_4 的碳排放总量约 2800 万 t CO_2/年。经测算，我国城镇污水处理全年碳排放量约 3200 万 t CO_2/年。化粪池碳排放总量接近污水处理厂，不可忽视。

附录 B 各地关于取消化粪池的有关规定

国内各地关于取消化粪池的规定见表 B-1。

国内各地关于取消化粪池的有关规定　　　　表 B-1

省市	文件名称	相关规定
上海	《上海市住宅小区雨污混接改造技术导则》SSH/Z 10015—2018	对于市政完全实现了雨污分流的区域，应根据排水管理部门相关规定，取消化粪池
四川	《四川省城镇排水与污水处理条例》	城镇污水集中处理设施及配套管网已覆盖的区域内，不得新建化粪池及相关活性污泥截污池、塘，原有已失去功能作用的化粪池，应当在老旧小区改造中拆除
福建	《福建省化粪池设置技术管理暂行规定》	同时具备下列情况的，可不设化粪池：（1）市政排水体制为严格的雨污分流制；（2）市政污水管网末端已建成污水集中处理厂；（3）市政污水管道应完好，接驳口管径、标高、坡度均满足建筑室外污水管道接入的需求
山东	《关于开展城市污水处理提质增效三年行动的通知》	改造和新建居民小区、公共建筑和企事业单位内部一律取消化粪池，提高城市污水处理厂进水可生化性
深圳	《深圳经济特区排水条例》	在污水处理设施服务范围内，已经实现雨污分流的区域，具备条件的可以不设化粪池
深圳	《建筑小区化粪池取消工程工作技术指引》	适用于深圳市市域范围内新建、改建和扩建的建筑小区，主要包括室外排水的污水系统设计及化粪池设置、管理以及取消改造工程的调查、勘测、设计、验收和维护管理工作
杭州	《关于市区部分新建住宅小区污水排放中实行不设化粪池试点的暂行规定》	在杭州市新建小区申请无化粪池的批文后，可实行污水直排入二级处理的污水处理厂集中处理
杭州	《杭州市无化粪池污水管道设计与养护技术规程》HZCG 06—2006	取消化粪池的建设项目应同时具备下列三个条件：（1）建设项目室外排水管道系统严格执行雨污分流；（2）建设项目室外污水管道能与市政污水管道接通，且排出管径不大于市政污水管管径；（3）接纳建设项目污水的市政污水管道属于雨污分流的市政排水系统并连通至城市二级污水处理厂

四川省城镇排水与污水处理条例

福建省化粪池设置技术管理暂行规定

深圳经济特区排水条例

现行国家、行业、地方标准关于化粪池的技术要求一览

各地发布的污水管网排查、改造和管理相关技术导则一览

附录 C 小区污水管网未设化粪池实例

小区污水管网未设化粪池实例共 9 项，包括 3 项新建项目和 6 项改造项目。

C.1 新 建 项 目

C.1.1 住宅小区类新建项目

本项目相关信息由中国城镇供水排水协会提供（见图 C.1-1），具体建设内容如下：

项目特点：小区未设化粪池，污水直接接入市政污水管道。小区屋面和路面雨水径流先汇入源头减排设施，再溢流排入市政雨水管道。

基本概况：2000 年建成，位于北京市。小区分东西 2 区建设，共建有 56 栋住宅楼，建筑面积约 42 万 m^2。

排水体制：市政、小区均为分流制。

项目内容：

（1）污水排放。未设化粪池。埋地污水管为 DN300 混凝土管，末端接入市政污水管道。

（2）雨水排放。建筑屋面和路面雨水径流，首先汇入透水路面、生物滞留设施、下凹式绿地等源头减排设施，经渗透、滞留、调蓄、净化后以溢流方式排入市政雨水管道。

C.1.2 科研和办公类新建项目

本项目相关信息由北京市建筑设计研究院有限公司提供（见图 C.1-2），具体建设内容如下：

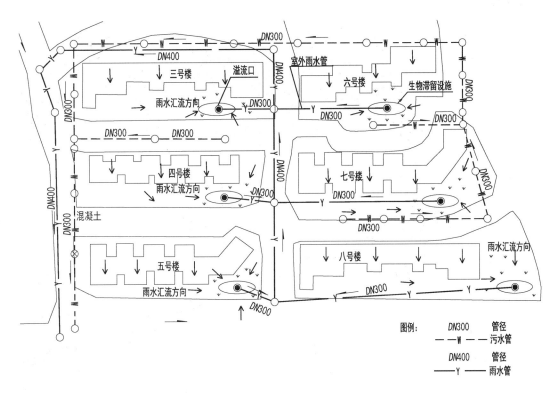

图 C.1-1　北京市某住宅小区建设工程

项目特点：小区未设化粪池，根据路面标高情况，污水重力和压力接入市政污水管网并存。小区屋面和路面雨水径流先汇入源头减排设施，再溢流排入市政雨水管道。

基本概况：2019 年建成，位于上海市。基地建有 5 栋办公楼、1 栋信息中心、1 栋科技服务中心，建筑面积 157500m²，用地面积 62902.9m²。

排水体制：市政、小区均为分流制。

项目内容：

（1）污水排放。未设化粪池。部分地块地面标高不能满足污水重力接入需求时，设污水泵提升后接入市政污水管道。餐饮废水经隔油池处理后排入小区污水管网，设计流量为 606m³/d。小区污水管道管径为 DN300、管道材质为混凝土，末端接入市政污水管道。

（2）雨水排放。按年径流总量控制率不小于 80％设计（相应设计降雨量 26.7mm），设置绿色屋顶（30％）、透水铺装（70％）、下凹式绿地（10％）、雨水调蓄池（250m³/hm²）。按雨水管渠设计重现期 5 年一遇设计，雨水管道管径 DN600。

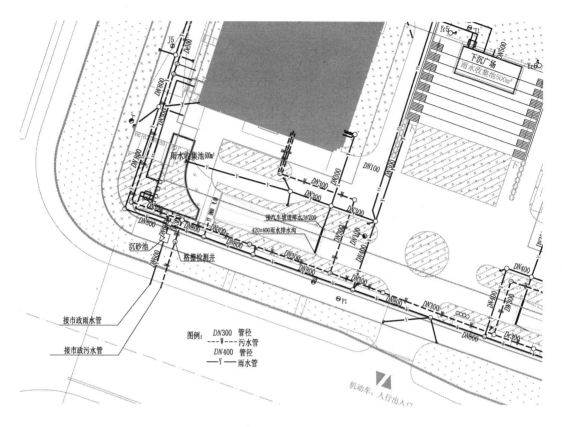

图 C.1-2　上海某科研信息办公综合基地建设工程

C.1.3　住宅和配套公建新建项目

本项目相关信息由北京市建筑设计研究院有限公司提供（见图 C.1-3），具体建设内容如下：

项目特点：未设化粪池，小区污水直接排入市政污水管道。

基本概况：位于青岛市，项目包含住宅和配套公建，建筑面积 136344.8m²，用地面积 73650.7m²。

排水体制：市政、小区均为分流制。

项目内容：

（1）污水排放。未设化粪池，污水设计流量为 94m³/d，埋地污水管管径为 DN400，末端接入市政污水管道。

（2）雨水排放。按雨水管渠设计重现期 3 年一遇计算，相应的雨水设计流量 200.1L/s，雨水管管径为 DN500。

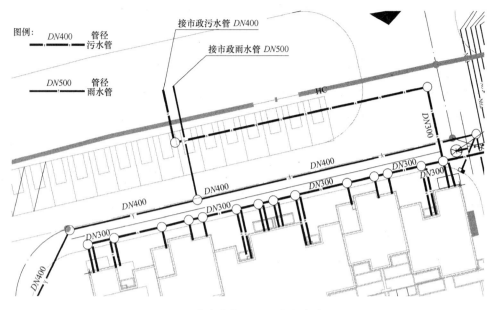

图 C.1-3 青岛某住宅和配套公建建设工程

C.2 改 造 项 目

C.2.1 老城区管网系统改造项目

本项目相关信息由福建省建筑设计研究院有限公司提供，具体建设内容如下：

项目特点：老城区管网系统改造，污水管全部翻排，增设建筑雨水立管。

基本概况：2023 年完成改造，位于福建省宁德市柘荣县。建有 40 栋独立居民住宅楼，约 40 户住户，片区面积约 4558m²。埋地暗沟为 400mm×400mm 石砌渠道，暗沟排水能力可满足雨水管渠设计重现期 1 年一遇需求，但暗沟渗漏、雨污混流、堵塞严重。该片区未修建独立污水管网，且未设化粪池。

排水体制：市政为分流制，片区雨污混接严重。

现状问题：

（1）污水排放。片区建筑未设置污水埋地干管；厨房采用排气扇排出油烟，厨房污水直排暗沟；洗涤池污水直排暗沟和地面；住宅卫生间污水直排暗沟。

（2）雨水排放。住宅楼阳台污水管和屋面雨水立管合用，排入现状暗沟，接至市政雨水系统，造成雨污混接；片区内部分暗沟堵塞、变形、不均匀沉降。

上述雨污水排放问题导致暗沟旱天臭气污染严重，居民将住宅附近的暗沟排孔全部封堵,使得雨天雨水仅能通过地面漫流,易形成积水内涝问题。

项目内容:

(1)立管改造。1)将原建筑立管作为污水管,从原雨水斗下截断,将原立管抬升增加伸顶通气,下改接至污水管道,并在接污水检查井前设水封井或存水弯;2)重建雨水立管,接入原雨水斗,将雨水接入雨水管道;3)所有厨房新增立管补充出屋面通气管。

(2)污水排放。1)污水管道重新翻排,新建 $DN300$ 污水总管($i=0.004$)收纳片区居民卫生间排水,未设化粪池,末端接入市政污水管道,污水设计流量为 $50\mathrm{m}^3/\mathrm{d}$;2)对混接点进行雨污分流改造,雨水和污水改接至新建雨水和污水管道;3)加强管道日常养护,确保管道正常运行;4)做好环保宣传,减少固体纸巾等杂物排入污水管道。

(3)雨水排放。对空间较宽的巷子新建雨水管道,管径 $DN400\sim DN500$。雨水管渠设计重现期按 2 年一遇计算。对无条件的采用雨水散排至路面。

具体内容如图 C.2-1 和图 C.2-2 所示。

图 C.2-1 柘荣县老城区污水管网改造工程

图 C.2-2　柘荣县老城区雨水管网改造工程

C.2.2　小区雨污混接改造项目

本项目相关信息由上海市政工程设计研究总院（集团）有限公司提供，具体建设内容如下：

项目特点：小区污水管全部翻排，增设建筑雨水立管，拆除化粪池。

基本概况：2019 年改造完成，位于上海市。建有 35 栋 6 层住宅楼，2460 户住户，建筑面积 93149m²，用地面积 62212m²。改造前，埋地污水管为 DN200～DN300 的混凝土管，接入化粪池，后接入小区污水总管，再接入市政污水管道。

排水体制：市政、小区内均为分流制。

现状问题：（1）小区内雨污水管道内堵塞、塌陷、变形严重。检查井内建筑垃圾和生活垃圾多。用高压清洗设备对管道清洗时，无法疏通；（2）污水部分管道存在上游高程低于下游，存在倒坡问题，无法顺畅排水。

项目内容：

（1）立管改造。所有厨房新增污水立管并补充出屋面通气管。北侧阳台原有阳台合流立管，作为阳台污水立管，新建 $DN100$ 雨水立管。

（2）污水排放。1）污水管道翻排，新建 2 路 $DN300$ 污水总管（$i=0.003$），接至市政污水管道；2）原有化粪池拆除；3）小区污水总管上新增格栅检测井；4）加强管道日常养护，确保正常运行。

具体内容如图 C.2-3 所示。

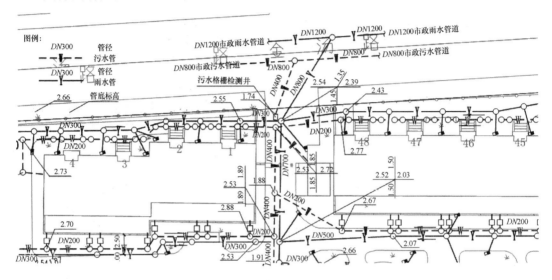

图 C.2-3　上海市普陀区老旧小区雨污混接改造项目

改造效果：

（1）项目自建成后，未出现污水管道淤积现象，管道清淤维护频次与改造前相同。

（2）在工作日时间内，编制组自小区内污水井和雨水井内取水样进行测试，污水检查井和雨水检查井水质结果见表 C.2-1。

表 C.2-1

小区水质测试结果

	COD	TP	TN	NH_4^+-N	SS	pH
污水井	684.54	6.80	118.20	57.78	243.00	6.97
雨水井	31.95	0.53	6.95	4.39	28.00	7.03

注：pH 无量纲；其余指标单位为 mg/L。

C.2.3　小区雨污分流改造项目

本项目相关信息由上海市政工程设计研究总院（集团）有限公司提供，具体建设内容如下：

项目特点：小区污水管全部翻排，增设建筑雨水立管，拆除化粪池。

基本情况： 2022年改造完成，位于上海市。建有1栋5层住宅楼，20户住户，建筑面积3859.5m²，用地面积915m²。改造前，埋地污水管为DN200~DN300的混凝土管，接入化粪池，再接入市政污水管道；雨水管为DN300的混凝土管，雨水管渠设计重现期小于1年一遇。

排水体制： 市政为分流制，小区为合流制。

现状问题：

小区建设年代久远，采用合流制排水。住宅阳台污水排入雨水立管，再排入小区合流管道。小区合流管道存在堵塞、塌陷和变形，且井室小难以清掏处理。

项目内容：

（1）立管改造。1）厨房新增立管补充出屋面通气管；2）阳台原有天雨阳台合流立管，作为污水废水立管，新建DN100雨水立管。

（2）污水排放。1）污水管道翻排，新建1路DN300污水总管（$i=0.003$），接至市政污水管道，污水设计流量 $Q_d = 9.3m^3/d$；2）拆除化粪池；3）小区污水总管上新增格栅检测井；4）加强管道日常养护，确保正常运行。

具体内容如图C.2-4所示。

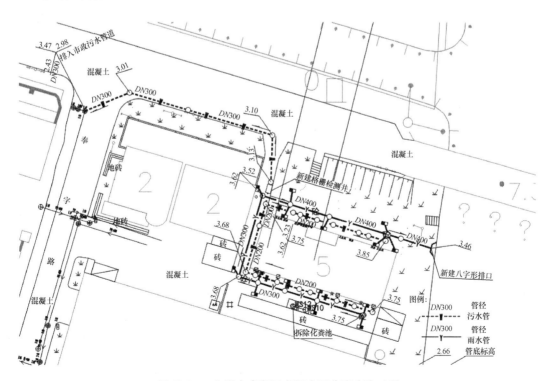

图 C.2-4 上海市奉贤区老旧小区分流改造工程

C.2.4 小区污水管道局部改造项目

本项目相关信息由上海市政工程设计研究总院（集团）有限公司提供，具体建设内容如下：

项目特点：小区污水管道局部改造，拆除化粪池。

基本概况：2018 年改造完成，位于上海市。建有 8 栋 6 层住宅楼，480 户住户，建筑面积 32859.5m²，用地面积 19500m²。改造前，埋地污水管为 $DN200 \sim DN300$ 的混凝土管，接入化粪池。

排水体制：市政为分流制，小区末端雨污混接。

现状问题：由于完工时市政未分流，小区采用分流制，但末端污水接入雨水管道后排入市政雨水管网。北侧埋地污水主管有 2 路，1 路 $DN200$ 污水管道接收厨房和淋浴污水，1 路污水管道接收厕所污水经化粪池处理后接入小区污水总管。

项目内容：

（1）污水排放。2 路污水管道合并，新建 $DN200$ 污水管（$i=0.003$）排入主路污水总管；污水总管经 CCTV 检测后显示管道结构和功能完整，可保留继续使用，末端污水总管 $DN400$（$i=0.003$）改造后接入市政污水管道，污水设计流量 $Q_d = 181.4 \mathrm{m^3/d}$。

（2）拆除化粪池。

具体内容如图 C.2-5 所示。

改造效果：

（1）项目自建成后，未出现污水管道淤积现象，管道清淤维护频次与改造前相同。

（2）在工作日时间内，编制组自小区内污水井和雨水井内取水样进行测试，污水检查井和雨水检查井水质结果见表 C.2-2。

小区水质测试结果 表 C.2-2

	COD	TP	TN	NH_4^+-N	SS	pH
污水井	295.55	3.99	40.49	31.39	107.00	6.94
雨水井	38.64	1.11	7.38	4.36	18.00	6.88

注：pH 无量纲；其余指标单位为 mg/L。

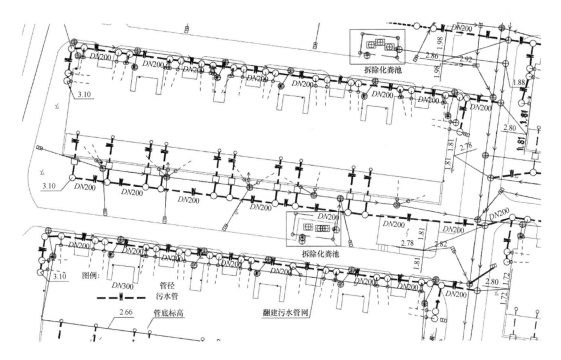

图 C.2-5 上海市普陀区污水管道局部改造工程

C.2.5 小区污水泵提改造项目

本项目相关信息由上海市政工程设计研究总院（集团）有限公司提供，具体建设内容如下：

项目特点： 市政污水存在倒灌问题，需设置污水提升泵进行输送，拆除化粪池。

基本概况： 2018 年改造完成，位于上海市。建有 85 栋 2 层建筑，91 户住户，建筑面积 21200m²，用地面积 71100m²。

排水体制： 市政为分流制、小区雨污混接。

现状问题：

（1）小区建筑均为 2 层单栋或双拼别墅，厨房和卫生间在建筑南北侧，有部分污水直接排入雨水沟，雨水沟头，雨水检查井部分损坏。

（2）小区内污水排水方向不明确，别墅庭院内有化粪池，化粪池出水管接入小区雨水总管。现状小区内已有雨水管就近排至市政雨水管道。

（3）小区整体场地低于市政道路 40～60cm，市政污水管网水位高时会高过小区地面，造成市政污水倒灌进入小区，小区污水冒溢。

项目内容：

（1）新建 DN300 污水管网（$i=0.003$）接入市政管道，污水设计流量 $Q_d=$ 61.4m³/d；拆除化粪池。

（2）小区污水管道末端设一体化污水泵站，解决污水倒灌问题，泵站设计流量为 12m³/h，设计扬程 15m，一用一备。

具体内容如图 C.2-6 所示。

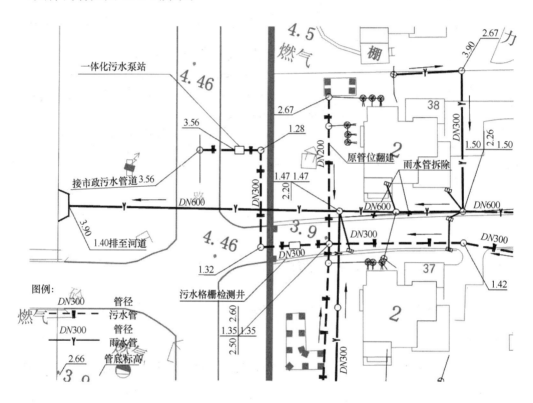

图 C.2-6　上海市奉贤区住宅小区污水泵提改造工程

C.2.6　小区真空排水改造项目

本项目相关信息由上海市政工程设计研究总院（集团）有限公司提供，具体建设内容如下：

项目特点： 市政污水管网较远，小区管位不足，无法开挖新建污水总管，保留化粪池增设真空排水设备。

基本概况： 2021 年改造完成，位于上海市。建有 4 栋 5 层建筑，120 户住户，建筑面积 13400m²，用地面积 5900m²。

排水体制：市政、小区为分流制。

现状问题：

（1）小区建筑均为 5 层住宅楼，厨房和卫生间在建筑南北侧，有部分废水直接排水雨水沟，雨水沟头，雨水井部分损坏。

（2）小区内污水接入每栋楼南侧化粪池，出水管接入小区雨水总管。现状小区内已有雨水管就近排至南侧河道。

（3）小区南侧河对岸有市政污水管网，小区单体南侧至现状河岸护坡宽度不足 5m，道路下已建有上水、燃气等各大管线，无开挖新建一路污水重力流总管条件。

项目内容：

原有化粪池清理，每处化粪池出口设置负压井，负压井接出 DN65 总管接入新建污水负压泵站。新建 DN110 压力污水管网过河接入市政管网，污水设计流量为 $Q_d = 45.4 m^3/d$。

具体内容如图 C.2-7 所示。

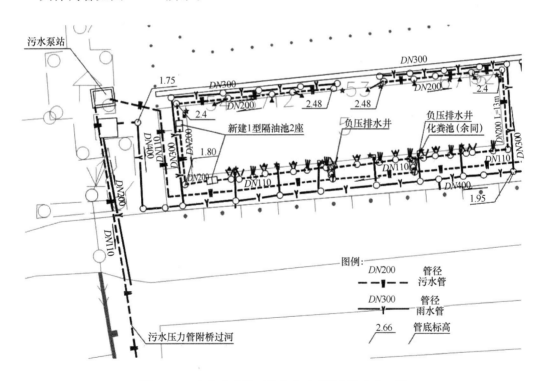

图 C.2-7　上海市奉贤区住宅小区雨污分流改造工程

改造效果：

在工作日，编制组自小区内污水井和雨水井内取水样进行测试，污水检查井和雨水检查井水质结果见表 C. 2-3。

小区水质测试结果

表 C. 2-3

	COD	TP	TN	NH_4^+-N	SS	pH
污水井	402.33	8.31	136.61	83.61	81.00	6.97
雨水井	32.92	0.72	5.67	3.69	32.40	6.99

注：pH 无量纲；其余指标单位为 mg/L。

附录 D 合流制与分流制排水系统混接改造实例

合流制与分流制排水系统混接表现为不同污水排水分区、排水体制管道相互混接，主要发生在污水排水分区交界处。产生主要原因为系统建设过程中，因当时的建设条件限制，管道接其他系统范围道路绕行；或合流制在分流制改造过程中分阶段逐步实施，不同分区排水管互联互通等。例如：某市有 A、B 两污水排水分区相邻，A片区为分流制，B 片区为合流制。A 片区雨水汇集至片区东北侧排涝泵站强排入河，B 片区雨、污水汇集至片区西北侧合流污水泵站，污水通过截流设施后经污水截流干管输送至污水处理厂，雨水强排入河。A 片区内有一路 DN2400 雨水主管借道至 B 片区内铺设，B 片区内合流管道与之有多处连通，如图 D-1 圈内所示位置，后经 A 片

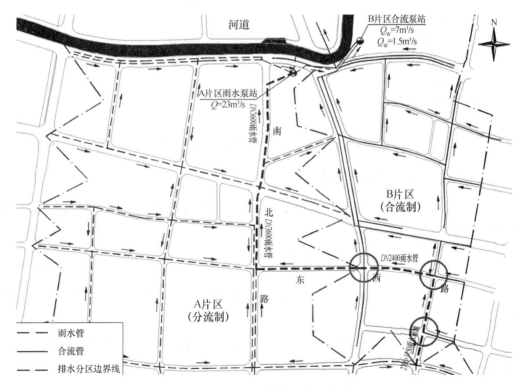

图 D-1　DN2400 雨水管市政混接示意图

区接入排涝泵站。

由于 B 片区合流管内有污水流入，因此导致 A 片区雨水主管内也有污水流动，晴天污水存积在雨水管网内，雨天随着雨水排入河道，对 A 片区雨天河道水质产生较大影响。

经现场排查，B 片区排入该段借道雨水总管的合流支管共 4 条，涉及沿线小区和排水单元共 20 处，标记如图 D-2 所示。

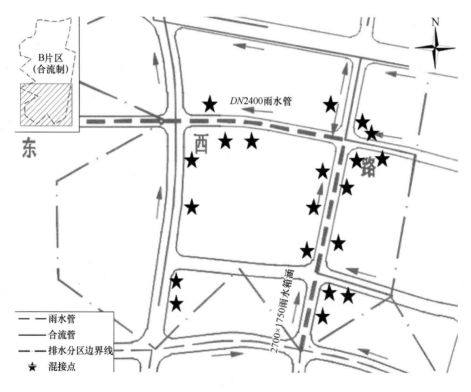

图 D-2　DN2400 雨水管排水单元混接示意图

对此类情况，有下列解决方案：

（1）A 片区雨水管道另外选线改迁，原借道雨水管改接至 B 片区合流主管作为合流管使用。

（2）B 片区在雨水管敷设沿线增补合流管道，将小区支管和相交道路合流管改接入新建合流管道，A 片区借道雨水管作为过境专用管，封堵合流系统范围内的所有接入点。

（3）重新划分排水分区，将 B 片区南部 DN2400 雨水管沿线划分至 A 片区，同时启动该地段"合改分"工程。

附录 E　广州市污水管网系统治理经验

广州市为推进污水管网系统治理、改善城市人居环境，在工作思路、运转模式和落实方式三个方面作出了转变，并取得了良好效果。

E.1　转变工作思路，从末端到源头

以往治水主要采取末端截污、末端补水、环村截污等方式，以工程建设为主要手段。2016 年以来，广州提出并推进了"3-4-5"治水路线，主要内容包括：（1）3 个源头原则：源头控污，包括拆违、散乱污整治、垃圾清理等；源头截污，包括排水支管完善、城中村治理等；源头清污分流，包括暗渠清污分流、达标单元创建。（2）4 洗清源行动：洗楼、洗井、洗管、洗河。（3）5 条技术路线：控源、截污、清淤、补水、管理。

具体包括下列内容：

（1）全面推进"四洗"行动：1）洗楼：采用挨家挨户摸查的方式，对河涌流域范围内的所有建（构）筑物，以栋为单位，展开地毯式摸查登记，排查面积 7.38 亿 m²，全面清理整顿 5 万余个"散乱污"场所，拆除河涌管理范围内违法建设 500 余万 m²；2）洗井和洗管（图 E.1-1、图 E.1-2）：清理改造污水管网近 6000km、检查井 18.6 万个，提升排水设施运行水平；3）洗河：共计 1802 条（次），集中清理河岸、河面、河底以及河道附属设施的垃圾和其他附着物，有效清除了河道污染物。

（2）实施清污分离，着力整治合流箱涵。对沙河涌、景泰涌、车陂涌等试点流域开展了清污分流建设，杜绝山泉水进入、河湖水倒灌，让"污水入厂、清水入河"，实现源头污水减量、河道减污，污水处理厂进水浓度大幅提升。如图 E.1-3 所示。

以猎德污水处理厂及其服务片区为例，整治前，存在管网高水位运行、外水进入、进水污染物浓度较低、片区内有 16 条黑臭水体等问题。经过管网错混接整改、

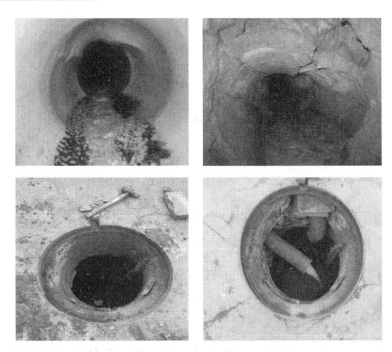

图 E.1-1　管道和检查井修复前后对比

图 E.1-2　河道清理前后对比

图 E.1-3　"清污分离"建设前后对比

合流渠箱清污分流、洗井洗管等一系列工作后，猎德污水处理厂进水污染物浓度提升约 100mg/L，提升幅度 40％以上，河涌水质得到明显改善。如图 E.1-4 所示。

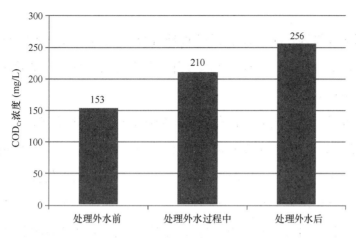

图 E.1-4   猎德污水处理厂进水 COD_{Cr} 浓度变化

（3）污水处理厂尾水再生，用于河道补水。利用污水处理厂布局优势，停用珠江水补水的方式，将污水处理厂尾水再生利用补入河涌，流域内的沙河涌、车陂涌水质改善明显，河涌生态系统逐渐恢复，水草生长茂盛，鱼群数量多，形成环境宜人的亲水空间，河道底泥也逐步恢复生态，避免了大规模底泥清淤。

E.2   转变运作模式，从分散到整合

摒弃过去"厂管厂、网管网、河管河"的碎片管理模式，逐步形成"厂-网-河"一体化管理。主要包括下列内容：

（1）优化排水管理体制机制。为推进"厂-网-河"一体化管理，2018 年成立广州市城市排水有限公司，接收中心城区各区排水管网，实现了中心城区公共排水设施一体化管理；外围的黄埔等 5 个区也已完成区属排水公司组建，正全力推进排水系统提质增效工作。

（2）供水排水上下联动。排水监管进小区、进家庭，供水、排水联动，以排定供，除居民用水户之外的新增用水户需按要求，在供水开始前完成排水规范接入市政管网工作；以排限供，对拒不整改的违法排水单元，通过实施限制供水或停水，督促其进行整改。同时加快制定排水单元分类管理办法，细化不同排水单元管理措施。

E.3 转变落实方式，从无序到有责

从多部门多头管理、城乡发展无序管理等弊端脱离出来，在公安系统"四标四实"的基础上，落实网格化治水，采取多部门联动方式，推进污染源整治。

具体包括下列内容：

（1）落实责任。建立流域河长和网格长制度，建立"市总河长-流域河长-市级河长-区级河长-街（镇）河长-村级河长-网格长"的多级河长体系，实现河长巡查工作由"水体"向"岸上"深化、控源重点由"排口"到"源头"转换。

（2）实施网格化治理。在"厂-网-河"统筹一体的前提下，按照"小切口，大治理"的理念，依托广州市 19660 个社会治理网格，村居负责人或网格员日常巡查发现问题，通过"广州河长 APP"上报，在网格中明确标注"散乱污"场所、违法建设、垃圾黑点等内容，形成以网格为单元的治水体系，有效完善了治水工作中"全覆盖-可追溯-可倒查"的责任体系。

（3）推行智慧管控。率先推行"掌上治水"模式，先后开发了广州河长 APP、广州排水单元巡检 APP、排水设施巡检 APP 和农污巡检 APP，覆盖 1400 多条河流（涌）、4000 多河段，串接 3000 余名河长，实现了河长巡河、问题交办实时监控，高效推动事务处理、指令下达、统计分析、信息查询、沟通交流。同时，各级河长利用广州河长 APP 巡河近 115 万次，累计巡河近 450 万 km，上报事务 6.7 万件，处理事务 6.4 万件，有效提升了履职水平。

附录 F 浙江省台州市椒江区智慧排水一体化管控平台实例

F.1 建 设 背 景

污水管网是城市安全运行的生命线，作为城市公共服务的重要环节，其智慧管控是智慧城市建设不可缺少的组成部分，是城市智慧水平的重要标杆。

椒江区作为浙江省台州市核心城区，传统的排水行业业务管理模式已不能满足城市现代化发展需求，排水行业的信息收集、管理、监督、考核等工作面临较大困难，亟需推进智慧水务建设在五水共治工作中的落地应用。为解决基础底数排摸难、应急处置协同难、风险预测预警难等问题，通过将物联网、云计算等现代信息技术与排水、防汛、水文、水资源调度、城区水环境、民生服务等各个涉水环节进行深度融合，真正辅助于一体化管理，服务多跨应用场景，提升水务部门的管理服务水平。

F.2 总 体 情 况

椒江区智慧排水一体化管控平台（一期）（简称：智慧排水平台）覆盖椒江全区，服务面积约 110km²，服务人口约 68.7 万人，服务管网长度近 900km。

智慧排水平台主要功能包括：

（1）遵循针对性、科学性和经济性的原则，布设包括超声波流量计、超声波液位计、道路积水尺、水质监测站等各类物联感知监测设备，建设排水相关物联感知系统，围绕水位、水量、水质三要素，全面覆盖排水系统从源头到末端的排水全过程，为数据展示分析、系统运行调度等功能提供坚实基础。

（2）通过将业务数据精细化处理，将管线进行三维可视化展示，管井、泵站等进行 3D 开发，对传感器数据进行实时数据对接，实现实时数据的动态感知和可视化，各类业务图层的具象化展示，从而为下一步实现智能化管理、立体化管理和可视化管理及宏观决策提供技术支撑。

（3）通过支撑业务应用的专业雨水污水系统模型构建，开展雨水、污水系统的定量化分析应用，将"经验判断，模糊分析"的传统管理方式，向"定量分析、预测预报"的精细化管理方式转变，提升决策能力。

（4）在现有系统的基础上，建成五大综合管理功能，分别进行排水综合数据信息管理、排水设施运行监管、城市内涝预警调度、污水运行调度管理和溢流监测管控。同时，配套建设监控中心、大屏幕展示端口、浙政钉端口，提供多种平台展示和接入方式。

F.3 技 术 路 线

立足于"基于深刻理解的污水系统特征，结合实时监测数据的形势研判，实现模

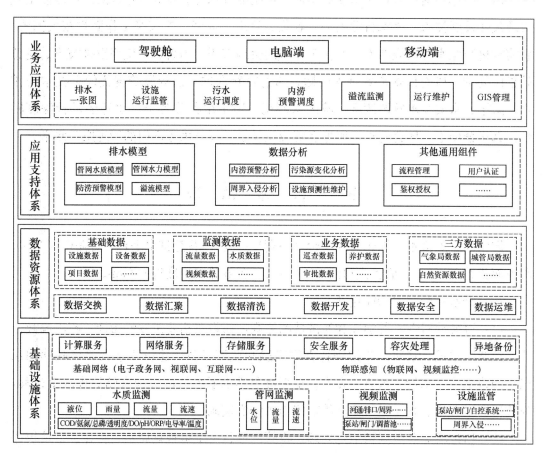

图 F.3-1　智慧排水平台的组成体系

型预报预警"的思路，完成了污水模型搭建，并开展模型成果 Web 应用系统开发，包括系统特征、实时形势和预报预警三大板块（图 F.3-1）。

系统特征模块涵盖了污水系统运行特征的分析成果，包括管网特征、泵站特征、水量特征等，呈现了污水管网的负荷、污水泵站负荷、各泵站服务片区的水量特征以及污水处理厂的进水规律等，以直观的表达形式让使用人员掌握系统运行特征。

实时形势模块呈现管网、泵站和污水处理厂进水运行态势，帮助运行调度人员掌握不同排水主干管网的水位情形、各条泵站输送线路的流量水位和泵机开停状态。

预报预警模块搭建了基于污水系统的预报预警框架，研究并明确了落地的技术实现途径。通过接入预报降雨数据驱动污水模型开展模拟，预报污水管网和泵站运行状态，对雨水入侵带来的溢流风险进行预警，辅助调度和运行决策。

F.4　实　施　成　效

构建污水和雨水管网水力模型，利用在线监测数据，结合未来 24h 天气预报和实时雨情等气象数据，模拟污水输送负荷分布、低流速淤积风险分布和污水冒溢风险分布情况，对污水管网运行负荷超载、管网淤堵、污水冒溢等风险进行提前感知和预警。结合调度预案管理系统，辅助优化调度决策，跨部门发布泵站、污水处理厂等排水设施的调度指令，全流程在线跟踪反馈，实现城市排水运行智能化管理。

针对污水管网冒溢等问题，基于管网流量、液位及泵站运行工况等实时监测，结合水力模型、大数据分析等技术手段，精准识别外水入侵、管网淤堵等系统问题，指导入流入渗区域的管网改造和维护，利用雨水和污水管网水力模型耦合算法，分析现状闸门井及其截流系统在不同降雨情形下的运行情况，优化污水干线、泵站和闸门井系统的运行调度规则，提升污水系统与雨水系统的协同运行效能，减少或消除污水冒溢和排江。

附录G 污水管网排查和修复相关标准简介

污水管网排查和修复相关标准层级、名称、编号、发布和实施日期和适用范围见表G-1。

污水管网排查和修复相关标准一览表

表 G-1

序号	标准层级	标准名称	标准编号	发布日期	实施日期	适用范围
1	国家标准	《建筑给水排水与节水通用规范》	GB 55020—2021	2021-9-8	2022-4-1	建筑给水排水与节水工程的设计、施工、验收、运行和维护必须执行
2		《城乡排水工程项目规范》	GB 55027—2022	2022-3-10	2022-10-1	城乡排水工程必须执行
3		《室外排水设计标准》	GB 50014—2021	2021-4-9	2021-10-1	适用于新建、扩建和改建的城镇、工业区和居住区的永久性室外排水工程设计
4		《建筑给水排水设计标准》	GB 50015—2019	2019-6-19	2020-3-1	适用于民用建筑、工业建筑与小区的生活给水排水以及小区的雨水排水工程设计
5		《给水排水管道工程施工及验收规范》	GB 50268—2008	2008-10-15	2009-5-1	适用于新建、扩建和改建城镇公共设施和工业企业的室外给水排水管道工程的施工及验收；不适用于工业企业中具有特殊要求的给水排水管道施工及验收
6		《城市排水防涝设施数据采集与维护技术规范》	GB/T 51187—2016	2016-8-18	2017-4-1	适用于城市排水防涝设施的数据采集、录入、校核、维护与使用
7	行业标准	《城镇排水管道维护安全技术规程》	CJJ 6—2009	2009-10-20	2010-7-1	适用于城镇排水管道及其附属构筑物的维护安全作业
8		《城镇排水管渠与泵站运行、维护及安全技术规程》	CJJ 68—2016	2016-9-5	2017-3-10	适用于城镇排水管渠与泵站的运行和维护

序号	标准层级	标准名称	标准编号	发布日期	实施日期	适用范围
9	行业标准	《埋地塑料排水管道工程技术规程》	CJJ 143—2010	2010-5-18	2010-12-1	适用于新建、扩建和改建的无压埋地塑料排水管道工程的设计、施工及验收
10		《城镇排水管道检测与评估技术规程》	CJJ 181—2012	2012-7-19	2012-12-1	适用于对既有城镇排水管道及其附属构筑物进行的检测与评估
11		《塑料排水检查井应用技术规程》	CJJ/T 209—2013	2013-12-3	2014-6-1	适用于新建、扩建和改建的埋地排水系统中井径不大于1000mm、埋深不大于6m、排水水温不大于40℃的塑料排水检查井的设计、施工、验收及维护保养
12		《城镇排水管道非开挖修复更新工程技术规程》	CJJ/T 210—2014	2014-1-22	2014-6-1	适用于城镇排水管道非开挖修复更新工程的设计、施工及验收
13	中国城镇供水排水协会标准	《城镇排水设施保护技术规程》	T/CUWA 40051—2021	2021-8-12	2021-12-1	适用于建设工程对城镇排水设施保护方案的编制、实施和管理，以及其他作业活动对城镇排水设施保护的技术要求
14		《城镇排水管网系统化运行与质量评价标准》	T/CUWA 40053—2022	2022-8-2	2022-12-1	适用于城镇排水管网运行的技术要求与运营质量考核的技术评价
15		《城镇排水管网流量和液位在线监测技术规程》	T/CUWA 40054—2022	2022-9-16	2023-1-1	适用于城镇排水管网流量和液位在线监测的方案设计、设备选型、设备安装与维护、数据采集与应用
16		《排水管道工程自密实回填材料应用技术规程》	T/CUWA 40055—2023	2023-5-22	2023-9-1	适用于排水管道工程沟槽回填采用自密实回填材料的工程设计、施工及质量检验
17		《城镇排水系统通沟污泥处理处置技术规程》	T/CUWA 50051—2022	2022-4-15	2022-9-1	适用于城镇排水系统通沟污泥收集与运输、处理、处置，处理场站的调试与验收、安全与运行维护管理等，本规程不适用于污水处理厂产生的污泥
18		《城镇污水处理厂进水异常应急处置规程》	T/CUWA 40052—2022	2022-7-12	2022-11-1	适用于城镇污水处理厂对进水异常或进水异常风险的应急处置

参 考 文 献

[1] 任南琪. 数字化赋能生态文明建设[N]. 人民日报, 2023.

[2] 中华人民共和国住房和城乡建设部. 城乡排水工程项目规范：GB 55027—2022[S]. 北京：中国建筑工业出版社, 2022.

[3] 中华人民共和国住房和城乡建设部. 室外排水设计标准：GB 50014—2021[S]. 北京：中国计划出版社, 2021.

[4] 中华人民共和国住房和城乡建设部. 建筑给水排水与节水通用规范：GB 55020—2021[S]. 北京：中国建筑工业出版社, 2021.

[5] 中华人民共和国住房和城乡建设部. 建筑给水排水设计标准：GB 50015—2019[S]. 北京：中国计划出版社, 2019.

[6] 中华人民共和国住房和城乡建设部. 城市排水防涝设施数据采集与维护技术规范：GB/T 51187—2016[S]. 北京：中国建筑工业出版社, 2016.

[7] 中国工程建设标准化协会. 城镇排水管道混接调查及治理技术规程：T/CECS 758—2020[S]. 北京：中国计划出版社, 2020.

[8] 中华人民共和国住房和城乡建设部. 城镇排水管道检测与评估技术规程：CJJ 181—2012[S]. 北京：中国建筑工业出版社, 2012.

[9] 上海市住房和城乡建设管理委员会. 海绵城市建设技术标准图集：DBJT 08—128—2019[S]. 上海：同济大学出版社, 2020.

[10] 中华人民共和国住房和城乡建设部. 城镇排水管渠与泵站运行、维护及安全技术规程：CJJ 68—2016[S]. 北京：中国建筑工业出版社, 2016.

[11] 中华人民共和国住房和城乡建设部. 一体化预制泵站工程技术标准：CJJ/T 285—2018[S]. 北京：中国建筑工业出版社, 2018.

[12] 中国城镇供水排水协会. 城镇水务 2035 年行业发展规划纲要[M]. 北京：中国建筑工业出版社, 2021.

[13] 姚祺, 李雨, 马经纬. 基于水质特征因子的排水管网来水组成分析方法——以节点泵站为例[J]. 净水技术, 2021, 40(s1)：250-256.

［14］ 翁晟琳，李一平，卢绪川，等．台州市生活污水处理厂设计水量中雨水混入比例研究[J]．水资源保护，2017，33(4)：75-79，94.

［15］ 上海市市场监督管理局．排水管道电视和声纳检测评估技术规程：DB31/T 444—2022[S]．北京：中国标准出版社，2022.

［16］ R Matos，A Cardoso，R Ashley，et al.，Performance Indicators for wastewater services [M]．London：IWA Publishing，2005.

［17］ 中国城镇供水排水协会．城镇排水管网系统化运行与质量评价标准：T/CUWA 40053—2022[S]．北京：中国计划出版社，2022.

［18］ 中华人民共和国住房和城乡建设部．城镇排水管道维护安全技术规程：CJJ 6—2009[S]．北京：中国建筑工业出版社，2009.

［19］ 中国城镇供水排水协会．城镇排水系统通沟污泥处理处置技术规程：T/CUWA 50051—2022[S]．北京：中国计划出版社，2022.

［20］ USEPA．Inventory of U. S. Greenhouse gas emissions and sinks[R]．Washington. DC：USEPA.

［21］ Sahely H R，MacLean H L，Monteith，H D，et al．Comparison of on-site and upstream greenhouse gas emissions from Canadian municipal wastewater treatment facilities[J]．Journal of environmental engineering and science，2006，5 (5)：405-415.

［22］ Santalla E，Cordoba V，Blanco G．Greenhouse gas emissions from the waste sector in Argentina in business-as-usual and mitigation scenarios[J]．Journal of the air & waste management association，2013，63 (8)：909-917.

［23］ Hoa N T，Matsuoka Y．The analysis of greenhouse gas emissions/reductions in waste sector in Vietnam[J]．Mitigation and adaptation strategies for global chang，2017，22 (3)：427-446.

［24］ United Nations Framework Convention on Climate Change(UNFCC)．First national inventory report (NIR1) of the federal republic of Nigeria[R]．Dubai：UNFCC，2021.

［25］ United Nations Framework Convention on Climate Change(UNFCC)．Poland's national inventory report[R]．Dubai：UNFCC，2021.

［26］ 中国城镇供水排水协会．城镇水务系统碳核算与减排路径技术指南[M]．北京：中国建筑工业出版社，2022.